아산재단 연구총서 제398집

와이파이 공간과 모바일 정보 격차

- 슈퍼 와이파이 입지 최적화 -

아산재단 연구총서 제398집

와이파이 공간과 모바일 정보 격차

- 슈퍼 와이파이 입지 최적화 -

이 건 학

집문당

이건학(李建學) 서울대학교 지리교육과 졸업
미국 오하이오주립대학교 지리학과 졸업(지리학 박사)
현재 서울대학교 사회과학대학 지리학과 교수

아산재단 연구총서 제398집

와이파이 공간과 모바일 정보 격차
- 슈퍼 와이파이 입지 최적화 -

2015년 12월 30일 1판 1쇄

저 자 | 이건학
발행인 | 임동규
발행처 | **집문당**
등 록 | 1971. 3. 23. 제300-2012-69호
영업부 | 10881 경기도 파주시 광인사길 85
(02)743-3192~3 팩스(02)742-4657
전자우편 | sale@jipmoon.co.kr
편집부 | 03134 서울시 종로구 돈화문로 82 집문당빌딩 5층
(02)743-3096~7 팩스(02)743-0227
전자우편 | edit@jipmoon.co.kr
홈페이지 | www.jipmoon.co.kr

편 집 | 이현정
디자인 | 임용우

ISBN 978-89-303-1708-5
978-89-303-1500-5(세트)

가격 15,000원

이 도서의 국립중앙도서관 출판시도서목록(CIP)은 e-CIP홈페이지(http://www.nl.go.kr/ecip)와 국가자료공동목록시스템(http://www.nl.go.kr/kolisnet)에서 이용하실 수 있습니다.
(CIP제어번호: CIP2015032610)

머리말

21세기 정보통신기술의 진화는 가히 전광석화처럼 전개되고 있다. 20세기 후반 미국 대학들을 중심으로 다소 폐쇄적 통신 네트워크였던 'ARPAnet'에서 시작된 인터넷은 50년도 지나지 않아 세상의 모든 곳을 온라인으로 연결하는 것도 모자라 개인 한 명, 한 명을 네트워크의 노드로 탄생시켰다. 더 이상 지상의 묵직한 통신 장비나 눈에 보이는 전선만이 네트워크를 구성하는 것이 아니라 손안과 주머니 속의 작은 기기 하나가 네트워크의 일원이 되었고, 더 이상 사람들은 네트워크에 접속하기 위해 책상 앞에 앉아서 수동적인 키보드 워리어가 될 필요가 없다. 이동하면서, 일상 생활을 영위하면서 언제 어디서든 네트워크에 Switch-on하는 하나의 노드가 될 준비가 되어 있다. '인터넷의 아버지'로 불리는 빈트 서프(Vint Cerf)가 인터넷 통신 프로토콜인 TCP/IP를 개발할 때도, 미국의 사회학자 마뉴엘 카스텔(Manuel Castelles)이 자본, 노동, 사람, 정보가 컴퓨터 네트워크를 통해 서로 연결된 '네트워크 사회'를 예견할 때에도 이 정도의 빠른 기술적 진보와 발달을 예상하지는 못하지 않았을까?

인터넷의 눈부신 발전은 스마트폰과 같은 수많은 스마트 기기와의 점적인 통신 네트워크를 구성하기에 이르렀고 급기야 기기와 인간이 자유롭게 통신이 가능한 '사물인터넷(IoT)' 시대가 열리게 되었다. 모든 것이 인터넷으로 연결된 IoT 세상이 곧 도래할 것을 많은 사람이 예상하고, 우려하고, 기대하지만 여전히 우리는 정보통신기술의 급격한 진화를 직접 경험하고 따라가는 '현재 진행형'에 살고 있다. 또한 전 세계 인구 중 30억 명이 여전히 인터넷에 대한 접근이 어려우며, 세계적인 IT 강국이라는 명성을 가진 우리나라 역시 지역에 따라 정보에 대한 접근성의 격차가 여전히 존재한다. 도시와 비도시 지역이 그러하며, 도시 내의 인구 및 경제활동 집중 지역과 낙후 지역의 차이가 그러하다.

혹자는 정보통신이 발달하면 커뮤니케이션이 원격화되어 대면 접촉이 불필요해지며, 따라서 대도시의 인구나 자본의 집중이 분산되고, 지역 간 상호작용의 마찰로 작용하던 거리가 소멸되고 공간이 죽음을 맞이할 것이라 예상하기도 했다. 하지만 물리적 통신 백본망이 그물처럼 전국에 설치되어 갈 때 주요 대도시에 게이트웨이와 통신 허브가 집중적으로 투자되었고, 백본 그물망 사이의 음영 지역들에 무선 통신과 같은 새로운 통신 기술과 기기가 구축되던 시기 또한 사람이 많이 거주하는 곳, 활동이 집중된 곳에 통신 인프라가 재집중됨을 경험하였다. 3D 프린팅의 등장과 같은 제조업의 신(新)혁명이 진행되고 있는 시점에 전통적인 자본주의의 생산과 유통 방식이 이전과는 매우 다른 방식으로 전개될지 모르지만, 여전히 생산과 소비는 발생할 것이고, 이들은 네트워크의 한 공간을 점유하며 이루어질 것이다. 이러한 네트워크 속 공간은 기능적 측면에서 차이를 가진다. 공간을 구성하는 주체 간의 상호작용은 특정한 흐름을 발생시키며 이 흐름이 집결되는 곳에 결절지들이 생성되고, 이들 결절지는 기능적 위계(hierarchy)에 따라 '집중'과 '더 집중'의 차이를 가져오게 된다.

이 책은 정보통신기술의 급격한 발달에도 불구하고 여전히 진지한 사회적 고민이 필요한 디지털 정보에 대한 접근성에서 출발하였다. 정보 격차(digital divide)란 정보통신기술에 대한 접근성의 사회적, 경제적, 지리적 측면의 불균형을 의미하는데 유선 인터넷에서 무선 인터넷 환경에 이르기까지 정보통신기술의 발달 과정에서 발생하는 다양한 격차에 대한 논의로 확대되고 있다. 특히 최근 스마트폰과 같은 모바일 기기가 급속하게 보급됨에 따라 무선 인터넷에 대한 수요와 무선 네트워크에 대한 활용성이 증가하면서 새로운 모바일 환경에서의 정보 격차가 발생하고 있다. 이 책은 이러한 변화에 주목하여 정보 격차의 다양한 측면 중 무선 정보통신 인프라의 지리적 불균등 분포에 따른 정보 격차에 초점을 맞췄다. 구체적으로 최근 무선 인터넷과 관련한 핵심 기술 중 하나인 와이파이에 초점을 맞추어 우리나라의 와이파이 공간의 현주소를 실증적으로 고찰하고, 이러한 무선 인프라 시설의 지리적 분포가 모바일 정보 격차에 어떻게 작용하고 있는지를 살펴보았다. 앞서 언급한 것처럼 무선 인터넷을 비롯한 새로운 정보통신기술의 발달에도 불구하고 정보통신 인프라의 불균형적 공급과 분포는 네트워크의 진화와 재구조화에 여전히 중요한 요인으로 작용한다.

아울러 기존의 와이파이 기술의 지리적 한계를 넘어 보다 넓은 지역에 무선 공공 인터넷 서비스를 제공하는 데 기여할 수 있는 새로운 무선 인터넷 기술인 슈퍼 와이파이 도입과 관련한 공간 모델링 연구를 수행하였다. 2013년 아날로그 방송의 종료와 디지털 방송의 전면적인 도입은 무선 자원에 대한 새로운 가능성을 제기하였다. 기존의 아날로그 방송의 유휴 주파수 대역을 방송과 통신을 위한 새로운 자원으로 활용할 수 있게 된 것이다. 새롭게 부각된 유휴 주파수 대역은 700MHz의 저주파 대역으로 장거리 전파 전달이 용이한 '황금주파수'로 알려져 있는데, 그간 방송사, 통신사, IT 업체 등 이해당사자 간의 수없이 많은 논쟁을 야기하였다. 방송용 주파수와 통신용 주파수의 확보를 위한 치열한 공방은 결국 2015년 7월, UHD 방송용 30MHz, 통신용 40MHz, 통합공공 20MHz, 보호대역 18MHz로 방송과 통신용 주파수를 고르게 분배하는 것으로 결론이 났다. 유휴 주파수 분배의 결과에 대한 논의는 뒤로 하고 슈퍼 와이파이는 이미 미국, 영국, 일본 등 세계 선진국들이 새로운 차세대 통신용 인프라로 각광받으며 도입에 적극적인 행보를 보이고 있다. 저주파 통신 대역을 활용하는 슈퍼 와이파이는 기존 와이파이의 커버리지를 보완하면서 보다 많은 사람에게 저비용의 무선 인터넷 서비스를 제공할 수 있어 모바일 정보 격차를 해소하는 데 크게 기여할 것으로 기대된다. 또한 재난재해, 긴급구호, 도시 안전 등의 공공 영역뿐 아니라 다양한 IT 기술과 결합되어 새로운 서비스 모델을 창출하기 위한 신성장 동력에 기여할 것으로 기대된다.

사람과 사물이 전방위로 연결되는 시대의 문턱에 있지만, 그 연결의 구조에서 여전히 배제된 지역과 사람들이 존재한다. 기술의 생명주기가 갈수록 빨라지고 따라서 우리도 모르는 사이 어느 순간에는 모든 게 자연스럽게 '해결'되리라는 낙관적인 기대에만 머물렀다면, 기술과 사람이 공존하며 함께 나아가고 있는 지금의 모습은 아니었으리라. 인터넷이 급속히 발달하던 당시 수많은 연구와 논의처럼 이 책 역시 정보통신기술의 역사 속에 보이지 않는 미력일 수 있지만, 완결된 네트워크 시대를 향하는 여정에 작은 보탬이 되기를 원한다.

마지막으로 본 연구의 중요성과 가치를 알고 연구를 수행할 수 있도록 해준 아산사회복지재단에 먼저 감사의 말을 전하며, 책으로 출판되기 위해 교정과 편집에 정성을 쏟아 준 집문당 이현정 씨를 비롯한 편집부 직원 여러분께 감사의 마음을 전한다. 또한 연구를 수행하는 데 여러 가지 도움을 준 서울대학교 지리학과 석사 과정 임병구, 진찬우 학생에게 진심으로 감사의 말을 전한다.

* 본 연구의 일부는 한국지도학회지에 게재된 논문을 포함하고 있음(이건학, 2015, 광역 커버리지 슈퍼 와이파이 최적 입지 모델링, 한국지도학회지, 15(1), pp. 37-58).

2015년 12월

이건학

| 차 례 |

| 표 차례 |

| 그림 차례 |

Ⅰ. 서　론

Ⅰ. 서 론

1. 연구 배경 및 필요성

무선 네트워크는 스마트폰의 급속한 보급에 따라 일반 대중의 무선 인터넷 서비스 수요를 충족하고 스마트 도시, U-city와 같은 최첨단 IT 기술이 결합된 지역 계획에 필수적인 요소가 되고 있다. 이렇게 공적 목적을 가지는 무선 네트워크는 여러 영역의 많은 수요자에게 저비용으로 안정적인 무선 통신 환경을 제공할 수 있어야 한다. 이동 통신, 위성 통신, 와이파이 등 무선 네트워크를 구축하기 위한 다양한 기술들이 개발되어 운영되고 있다. 이러한 무선 통신 기술들은 네트워크 목적, 구축 비용, 운영 주체 등에 따라 다양한 영역에서 활용되고 있지만, 정부나 지자체는 공적인 목적으로 무선 인터넷 서비스를 제공하기 위해 통신위원회의 승인이 필요하지 않은 비면허 주파수 대역(licence free band)을 사용하여 무료 인터넷 서비스가 가능한 와이파이 기술을 적극 활용하고 있다. 최근 전국 각 지역으로 점차 확대되고 있는 공공 와이파이(public Wi-Fi)가 하나의 사례이다.

IEEE 802.11 기술 표준인 와이파이 기반의 무선 인터넷 서비스는 비면허 주파수대(2.4GHz, 5GHz)를 사용하기 때문에 네트워크 구축 비용이 저렴하고 3G, 4G 이동통신에 비해 무선접속장치(Access Point: AP)의 설치가 용이한 장점이 있다. 또한 고주파수를 사용하여 데이터 전송 속도가 빠르기 때문에 와이파이에 대한 수요와 보급이 늘어나고 있다. 기존의 이동 통신망을 주 상품으로 하는 이동통신사 역시 자사의 와이파이존을 설치하여 고객 유치에 적극 활용하고 있다. 와이파이의 범용적 장점에도 불구하고 사용되는 주파수의 특성상 서비스의 지리적 도달 범위가 실내용의 경우 100~200m 정도로 제한되고 있으며, 이러한 이론적 사용 거리는 국지적인 무선 환경(예: 건물, 지형, 고도, 타 신호 간섭)에 따라 실제 수신 커버리지가 다르게 나타난다. 일반적으로 신호를 출력하는 AP로부터 거리가 멀어지면 무선 신호가 감쇄하는 특성이 있기 때문에 이론적인 사용 거리보다 실제 수신 커버리지는 작게 나타난다. 더구나 비면허 주파수대를 사용해서 무선랜 구성이나 채널 선택의 규제가 없기 때문에 신호 간섭이 초래될 가능성이 높으며 이는 근거리에 이용 가능한 AP가 물리적으로 설치되어 있어도 실제 신호 강도에 따라 인터넷 접근성이 차이가 날 수 있다(이건학, 2012a). 결국 다른 유무선 통신 기술에 비해 와이파이 기술은 저비용으로 고출력의 인터넷 서비스를 제공하지만, 지리적 규모가 큰 특정 지역에서 무선 네트워크 인프라로 사용할 경우 제한된 서비스 범위로 인해 많은 수의 AP 설치에 따른 비용 상승과 신호 간섭을 최소화하기 위한 기술적 고려가 요구된다. 주요 이동통신사들이 비즈니스 니즈에 의해 많은 와이파이존을 설치하고 있지만 자사 고객으로 이용을 제한하고 있어 진정한 공공 인터넷 서비스 달성에는 소원하다. 특히 이동통신사가 설치한 와이파이존은 영업 이익을 달성할 수 있는 특정 지역에 편중되어 무선 인프라의 지리적 불균등이 심화되고 지역 간 정보 격차(digital divide)를 넘어 모바일 격차(mobile divide)를 가져오고 있다(이수희 · 이건학, 2014). 무선 인터넷의 소외 지역을 보완하기 위해 공공 와이파이가 점차 늘어나고 있지만 여전히 미비한 실정으로, 무선 인프라의 지리적 불균등에 따른 인터넷 접근성의 지역적 격차는 현재의 와이파이 기술로 완전히 해소되기 어렵다고 판단된다. 따라서 보다 새로운 기술적 대안들을 모색할 필요가 있으며 최근 세계 여러 국가에서 서둘러 도입을 시도하고 있는 슈퍼 와이파이가 그중 하나라 할 수 있다.

슈퍼 와이파이를 지칭하는 단일한 기술적 표준은 없으나 기존의 와이파이 기술 표준인 IEEE 802.11af(근거리 지역 무선 네트워크: WLAN)와 802.22(광역 지역 무선 네트워크: WRAN)에 기반을 둔다. 슈퍼 와이파이의 가장 큰 특징은 700MHz 저주파수대 방송용 유휴 주파수(화이트 스페이스)를 비면허로 사용한다는 점이며, 저주파 신호의 특성상 장거리의 광역 무선 통신이 가능하기 때문에 인구가 희박하거나 정보통신 인프라가 잘 갖춰지지 않은 농어촌 지역과 같은 인터넷 소외 지역에 대한 대안으로 각광을 받고 있다. 기존의 와이파이 기술은 근거리에서의 고속 무선 인터넷 통신을 별도의 면허 없이 무료로 대중에게 제공할 수 있다는 측면에서 매우 유용한 기술임은 분명하지만, 서비스의 지리적 범위가 제한적이라는 단점이 있다. 하지만 슈퍼 와이파이는 TV 방송용으로 사용하지 않는 주파수 대역을 활용함으로써 광역 무선 서비스를 제공할 수 있어 기존의 와이파이의 장점을 유지하고 기술적 단점을 효과적으로 극복할 수 있는 현실적 대안이다. 모바일 기반 애플리케이션이 급속하게 증가하고, 재난 · 재해 긴급 구호, 도시 안전 및 치안, 스마트 도시 등 공공 영역에서의 무선 인터넷 서비스 수요가 증가함에 따라 슈퍼 와이파이의 활용성에 대한 기대 역시 점차 높아지고 있다.

우리나라는 2012년 말 아날로그 방송을 종료하고, 디지털 방송으로 전환하면서 기존의 방송용 주파수 대역이 남게 되었고, 방송통신위원회는 이 주파수 대역을 슈퍼 와이파이로 활용하기 위한 계획을 수립하여 추진 중이다. 이렇듯 슈퍼 와이파이가 관심받는 이유는 새로운 주파수가 아닌 유휴 주파수를 그대로 사용할 수 있고, 앞서 언급한 것처럼 기존 와이파이 기술에 비해 3~4배의 전송 거리와 16배 이상의 지리적 커버리지를 보장할 수 있어 유무선 통신 인프라가 취약한 농어촌 지역에까지 광역 와이파이망을 구축할 수 있기 때문이다. 하지만 2014년 슈퍼 와이파이 도입을 두고 정책 당국, 방송사, 통신사 등 이해 당사자 간의 주파수 정책에 대한 입장 차이가 커 난제로 부각되었다. 통신사들은 광역 와이파이망을 통해 시장 수요를 농어촌 지역까지 확장할 수 있어 슈퍼 와이파이의 도입을 환영하고 더불어 MS, Google, 삼성 같은 민간 IT 기업들도 주파수 개방을 통해 무선 인터넷 시장의 새로운 서비스 모델을 창출할 수 있으리라는 기대감으로 슈퍼 와이파이의 도입에 적극적이다. 반면 방송사들은 방송용으로 할당된 주파수 대역을 타 사업자들이 비면허로 사용해 방송 프로그램의 송수신에 간섭을 줄 수 있어 방송의 공정성 확보가 어렵고, 디지털 난시청 지역의 수신율 개선이나 3DTV, UDTV 등 차세대 방송을 위해 화이트 스페이스를 남겨 두어야 한다는 입장으로 슈퍼 와이파이 도입을 강력히 반대하고 있다. 민간 영역에서의 첨예한 대립에 더해 정부 역시 명확한 정책 방향을 결정짓지 못하고 나아가 정치권에서는 정부 조직 개편에 따른 주파수 정책 분리를 합의하여 더욱 혼란을 가중하고 있다. 주파수는 방송, 통신 뿐 아니라 국가의 안전과 재난·재해, 대국민 서비스에 필수적인 자원으로 서비스 간의 전파 간섭 등을 방지하면서 효율적으로 배분해야 하는 중요한 의사결정임에도 불구하고 정치적 협상의 대상으로 변질되는 점은 우려스럽다. 방송통신위원회가 하나로 관리하던 주파수를 통신용(미래창조과학부)과 방송용(방송통신위원회)으로 분리하여 관리하게 되면 회수된 화이트 스페이스를 방송용으로 재할당하게 될 가능성이 커진다.

미국은 2011년에 이미 슈퍼 와이파이 용도로 화이트 스페이스를 승인하여 시범 사업들이 적극적으로 추진되고 있고 그 외 유럽, 일본을 비롯한 세계 대부분의 국가가 디지털 방송 전환 후 가용한 주파수 자원을 비면허 와이파이 통신용으로 전환하는 추세이다(석용호, 2012). 이러한 세계적 흐름을 간과하고 정치적 논의에만 머물러 지금까지 명확한 결정을 짓지 못하고 있는 것은, 모바일 수요가 빠르게 늘어 가는 스마트 시대의 도래와 무선 주파수에 대한 공공의 목적이 더욱 강조되는 상황에서 국익에 전혀 도움이 되지 못한다.

주파수 주체 간의 이해를 떠나 모든 지역에서 누구나 무료로 사용할 수 있는 공공 목적의 와이파이 실현에 초점을 둔다면 넓은 지리적 커버리지, 투과율, 전송 속도가 우수한 비면허 저주파수 대역, IT 기반의 신산업 창출의 잠재성을 가지고 있는 슈퍼 와이파이는 타 기술에 비해 빠른 시기에 적용 가능성이 매우 높다(이건학 · 김감영, 2013). 따라서 인터넷 소외 지역과 계층에 대한 공공 와이파이 서비스나 복지, 안전, 재난 통신과 같은 국가적 공익을 위해 슈퍼 와이파이 도입이 시급하다.

2. 연구 목적 및 의의

본 연구는 우리나라 와이파이의 공간적 분포 특성을 분석하고, 무선 통신 서비스 접근의 지역 간 격차를 보다 체계적이고 실증적으로 파악함으로써 슈퍼 와이파이 적용의 필요성에 대해 살펴보고자 한다. 나아가 광역 무선 네트워크 인프라로 공공의 목적을 효율적으로 달성하기 위해 필요한 슈퍼 와이파이의 최적화된 공간 계획을 제시하고자 한다. 체계적인 공간 계획에 기반을 두지 않은 와이파이의 난립은 사용자의 접근성을 저하시키고, 무선 인프라 시설의 공적 기능을 제대로 발휘하지 못할 수 있기 때문이다(김문구 · 박종현, 2007; 이건학, 2012a; 2012b). 본 연구의 구체적인 목적은 다음과 같다.

첫째, 기존의 와이파이의 공간적 분포를 체계적으로 살펴보고 와이파이 분포에 따라 지역적 격차가 어떻게 발생하는지를 실증적으로 분석하고자 한다. 와이파이의 불균등 분포는 도시 지역과 비도시 지역 간에서도 발생할 수 있으며, 도시 내 하위 지역들에서도 발생할 수 있다. 따라서 좀 더 포괄적인 관점에서 우리나라 와이파이 지리를 고찰하기 위해 전국 단위의 거시적 스케일에서 시군구별 와이파이 분포를 살펴본 후, 와이파이가 밀집되어 있는 광역시를 대상으로 도시 내 와이파이의 공간적 분포를 미시적 스케일에서 살펴볼 것이다. 나아가 와이파이의 공간적 분포 특성이 지역의 인구, 경제, 사회학적 변수들과 어떻게 관련되어 있는지를 통계 기법을 이용하여 분석할 것이다. 마지막으로 와이파이 AP 스캐닝을 통해 실제 수신 신호 강도를 측정하여 와이파이 공간 분포와 실제 신호 접근성의 차이를 살펴볼 것이다.

둘째, 공공의 목적을 위한 광역 무선 네트워크 대안으로 슈퍼 와이파이의 최적화된 입지를 제시하고자 한다. 이를 위해 슈퍼 와이파이의 기술 표준과 기존 와이파이 기반의 무선 인프라 현황을 고려하여, 크게 두 가지 슈퍼 와이파이 모델인 광역 커버리지 모델(IEEE 802.11af)과 도시형 소출력 모델(IEEE 802.22)에 대한 입지 모델링을 수행할 것이다. 광역 커버리지 모델은 수십 킬로미터의 장거리 서비스 커버리지를 가지고 있어 전국 스케일에서 정보 접근성에서 소외되고 무선 인프라가 취약한 지역들에 대한 대안으로 고려될 수 있으며, 도시형 소출력 모델은 상대적으로 작은 커버리지를 가지고 있어 도시 내 와이파이 음영 지역을 해소하는 데 적합한 모델이 될 수 있을 것이다. 특히 광역 커버리지 모델의 경우 다양한 입지 시나리오와 수요 조건에 따라 여러 가지 대안을 보여줌으로써 정부 및 지자체 당국자나 계획가들이 보다 유연한 의사결정을 할 수 있는 가이드라인을 제시할 것이다.

기존 와이파이 기술과 관련해서는 공간적 맥락이나 접근성에 대한 분석(Byers and Kormann, 2003; Lentz, 2003; Grubesic and Murray, 2004; LaMarca et al., 2004; Jones and Liu, 2006; Kamarkis and Kinkcerson, 2005; Kwon and Lee, 2009; 이건학, 2012a)과 실제 와이파이 시설의 입지와 관련된 규범적 연구(Lee and Murray, 2010; Shillington and Tong, 2011; Agustin-Blas, et al., 2011; Landa-Torres, et al., 2011; Manjarres, et al., 2012; 이건학, 2012b; 이건학・김감영, 2013; 이수희・이건학, 2014)들이 많이 소개되었지만, 슈퍼 와이파이는 비교적 새로운 기술로 공간 분석이나 입지 관련 연구들을 찾아보기 힘들다. 따라서 본 연구는 최첨단의 무선 네트워크와 관련된 실제적인 공간 계획을 다루고 있다는 점에서 참신한 시도라 할 수 있으며, 슈퍼 와이파이 도입을 둘러싼 쟁점이 치열하게 논의되고 있는 시점에서 정치적 이슈를 넘어 학술적 관점에서 보다 객관적인 분석과 모델링을 기반으로 연구를 진행하였다는 점에서 의의가 있다.

우리는 본 연구를 통해 와이파이의 공간적 분포 특성을 지리적 스케일에 따라 분석함으로써 상업적 이동통신사뿐 아니라 공공 와이파이 시설의 전역적인 구축 현황을 거시적으로 파악할 수 있고 도시와 비도시 지역, 도시 내 하위 지역에서 다르게 나타나는 무선 인터넷 인프라에 대한 공간적 접근성의 차이를 실증적으로 파악할 수 있을 것이다. 또한 과학적인 최적 입지 모델링을 통해 '정보 고속도로'라 불리는 슈퍼 와이파이의 도입과 관련한 보다 현실적인 공간 계획들을 구체적으로 확인할 수 있을 것이다. 이러한 연구 결과들은 공공 무선 통신 인프라 구축을 위한 중장기 계획 수립에 매우 유용한 참고 자료로 활용될 수 있을 것이며, 실제 슈퍼 와이파이의 구현과 운영을 고려하고 있는 정부 및 공공 기관의 의사결정자에게 반드시 필요한 이론적 프레임워크와 가이드라인을 제공할 것이다. 학술적 차원에서는 새로운 무선 통신 기술인 슈퍼 와이파이의 기술적 특성을 고려해 다양한 입지 모델을 개발하여 적용함으로써 일반적인 와이파이 입지와 관련한 여러 연구와 차별화하였다.

본 연구는 총 5장으로 구성되었다. Ⅰ장 서론에서는 본 연구의 필요성과 연구 목적에 대해 서술하였으며, Ⅱ장에서는 정보 및 모바일 격차의 최근 연구 동향을 고찰하고, 슈퍼 와이파이의 기술적 현황을 입지 모델링에 필요한 주요 사항 중심으로 살펴보았다. Ⅲ장에서는 기존 와이파이의 공간적 분포 특성과 모바일 격차와 관련한 여러 가지 실증분석을 하였으며, Ⅳ장에서는 앞선 논의를 토대로 GIS와 공간 최적화와 같은 과학적 분석 기법을 활용한 슈퍼 와이파이의 효율적인 공간 계획을 보다 구체적으로 제시하였다. 마지막으로 Ⅴ장에서는 전체 연구 결과를 요약하고, 연구의 의의와 한계, 그리고 후속 연구에 대한 제언으로 마무리 지었다.

Ⅱ. 모바일 정보 격차와 슈퍼 와이파이 기술 고찰

II. 모바일 정보 격차와 슈퍼 와이파이 기술 고찰

1. 모바일 정보 격차 연구 동향

1990년대 디지털 환경에 기반을 둔 정보사회가 도래하면서 정보통신기술에 대한 사회적, 경제적, 지리적 격차에 대한 논의가 활발하게 진행되어 왔다. 정보통신기술 접근성에 대한 다양한 측면에서의 불균형을 소위 정보 격차(digital divide)라 일컫는데(NTIA, 1999), 정보통신기술의 발달에 따라 유선 인터넷에서 무선 및 모바일 환경에 대한 접근성 차이의 논의로 확대되어 왔다. 최근 무선 및 모바일 환경에서의 정보 격차는 모바일 정보 격차(mobile digital divide), 모바일 격차(mobile divide)와 같은 다양한 용어로 개념적 정의를 하고 있다(장정인, 2007; 한국정보화진흥원, 2013). 모바일 정보 격차와 관련하여서는 여러 가지 모바일 관련 지표를 기반으로 격차의 존재 유무나 인구, 사회경제적 차이에 따른 집단적 접근성에서 개인의 정보 처리 능력이나 활용성과 같은 개별 접근성의 차이가 논의되고 있다. Molnár(2003)는 이러한 정보 격차의 확장을 기술의 사회적 확산 과정으로 설명하며, IT 기술의 도입기에는 기술에 접근 가능한 자와 접근 불가능한

자의 '접근' 격차로 시작하지만, 기술이 점차 보편화되고 성숙해지는 과정에서 양적인 측면의 '활용' 격차가 발생하고, 안정기에는 질적인 측면에서 사용자 간의 정보 '이용 능력'의 격차로 확장된다고 하였다.

정보 격차와 관련한 연구는 대체로 성별, 연령, 학력, 소득 등 인구·사회·경제적 계층에 따른 정보통신기술의 접근성과 더불어 정보통신 인프라의 지리적 불균등 분포에 따른 격차를 다루는 연구가 주를 이루고 있다. 인구·사회·경제적 측면에서 정보 격차에 관한 연구 사례로 정숙경(2002)은 정보에 대한 인식, 접근, 이용, 역량 등의 지수를 통해 성, 연령, 학력, 소득별 집단에 따라 정보 격차를 비교분석하였으며, 유지열(2002) 역시 인구, 경제적 차이에 따라 유의미한 정보 격차가 나타남을 보여 주었다. 그 외, Grubesic(2002), Rice and Katz(2003), Sawada et al.,(2006), Chakraborty and Bosman(2008), Blumenstock and Eagle(2012)과 같은 해외 연구 역시 인구·사회·경제적 변수들의 차이에 따른 정보 격차를 살펴보았다. 이 연구들은 일반적으로 정보 접근성, 정보 인식, 정보 역량, 정보 이용과 같은 다양한 차원의 정보 격차들을 정량화된 지수를 통해 측정하였다. 이러한 정보 격차에 대한 정량화는 특정 지역이나 국가의 인구, 경제적 특성에 따른 정보 불평등의 척도로 사용될 수 있는데, 우리나라의 경우 한국정보화진흥원에서 2001년부터 매년 정보 격차 지수를 산출하여 농어촌, 저소득층, 장노년층 등 정보 취약계층의 상대적인 정보 격차 실태를 상세하게 보여 주고 있다. 또한 국제전기통신연합(ITU)의 IDI(ICT Development Index)와 같은 지수는 세계 여러 국가의 정보화 인식, 정보 접근성, 정보 활용 능력 등을 정량화한 측정으로 글로벌 수준에서의 국가별 정보 격차를 비교할 수 있도록 하고 있다(ITU, 2014).

한편 정보통신 인프라의 지리적 분포에 따른 정보 격차에 대해서도 여러 연구가 이루어져 왔다. 허우긍(2002)은 인터넷 도메인의 지역적 분포를 통해 도시 네트워크의 위계를 분석하였으며, 이희연·이종용(2002) 역시 인터넷 백본 네트워크를 분석하여 정보 인프라의 도시 간 격차에 대해 실증적으로 분석하였다. 또한 Moss and Townsend(1998), Grubesic and Murray(2002), Malecki and Boush(2003), Lee(2008) 등은 미국의 유선 통신 인프라나 초고속 인터넷 백본망의 공간 분포에 따라 발생하는 지리적 정보 격차를 다양한 공간 스케일(예: 지역 간, 도시 간, 도시와 농촌 간)에서 고찰하였다. 정보 접근에 대한 지리적 격차를 다루는 이러한 연구들의 공통점은 정보 격차에 대한 탐색을 정보통신 인프라의 불균등한 공간 분포에서 시작하고 있다는 것이다. 그간 정보통신기술 발달로 인한 거리 효과나 지리학의 '종식'이라는 일부 우려 섞인 논의들이 있어 왔지만, 이러한 연구 결과들은 새로운 정보통신 인프라 클러스터의 부각이나 기존 정보통신 핵심 지역의 재집중과 결절성 강화 등 정보통신 인프라의 불균형적 공급과 분포가 여전히 중요하게 작용하며, 정보 격차에 대한 함의가 크다는 것을 잘 보여 준다.

비교적 최근에 발달한 무선 및 모바일 정보통신기술과 관련한 모바일 격차는 일반적인 정보 격차에 비해 상대적으로 연구가 많지 않은 편이다. 윤석민 외(2004), 장정인(2007) 등은 이동 전화 무선 인터넷 사용과 관련한 인구학적 특성에 따른 모바일 격차를 다루었으며, 이승민(2012)은 일반적인 이동통신 단말기보다 기술적으로 조금 진보된 스마트 단말기의 사용과 정보 격차의 관계에 대해 고찰하였다. 하지만 점차 모바일 격차에 대한 개념 역시 보다 명시적으로 인식되고 있는 것으로 보인다. 예컨대 최근 한국정보화진흥원은 기존의 정보 격차와 더불어 새로운 모바일 정보통신기술과 관련한 모바일 격차 지수를 개발하여 조사하기 시작하였다(한국정보화진흥원, 2013). 한편 스마트폰, 태블릿 PC와 같은 모바일 기기가 급속하게 보급되고 모바일 인터넷의 활용성이 점차 높아지면서, 특히 학교, 도서관, 극장, 관공서, 공항, 카페 등에서 무료 무선 인터넷 서비스가 가능한 와이파이 서비스에 대해 사회적 관심이 증대되고 있다. 이러한 사회적 수요와 더불어 와이파이 기반의 모바일 격차에 대한 연구도 많아지고 있다. 와이파이 기술과 관련한 모바일 격차는 대체로 와이파이 핫스팟과 같은 모바일 인프라 시설의 공간 분포에 관한 공간 분석적 연구나 지역 내 정보 격차를 완화하기 위한 입지 모델링이 주를 이루고 있다. 해외 연구로 Byers and Kormann(2003), LaMarca et al.(2005), Jones and Liu(2007)는 미국의 주요 도시인 뉴욕, 시애틀, 애틀랜타를 대상으로 와이파이 핫스팟의 공간 분포 특성을 도시 고층 건물, 인구학적 요인, 밀도 등을 통해 지역 내 접근성의 차이를 분석하였다. Torrens(2008)는 솔트레이크 시티를 대상으로 와이파이 핫스팟의 공간 분포, 공간 군집, 무선 접속 신호 분포 등 다양한 와이파이 양상을 종합적으로 고찰하였다. 국내의 경우, 홍일영(2010)은 서울 강남과 과천을 대상으로, 이건학(2012a)은 전남대학교 캠퍼스 주변을 대상으로 와이파이 핫스팟의 공간적 분포 특성과 접근 격차를 살펴보았다. 특히 이건학(2012a)은 무선 신호 커버리지나 설정된 주파수 분포와 같이 실제 와이파이 접속에 영향을 줄 수 있는 기술적 요인들을 명시적으로 고려한 실제적인 접근성을 분석하였다. 사례 지역의 특성이 조금씩 상이하지만 대부분의 연구가 공통적으로 밝히고 있는 것은 제한된 서비스 범위를 가지는 와이파이 기술의 특성과 편중된 와이파이 인프라의 공간 분포는 지역 내 모바일 접근의 격차를 가져온다는 점이다. 와이파이 모바일 격차에 관한 이러한 진단은 자연스럽게 후속하여 여러 가지 처방적 연구를 촉발하였다. Lee and Murray(2010)는 최적화된 공공 와이파이 기반의 무선 메쉬 네트워크 계획으로 와이파이 인프라가 취약한 인구 저밀도 지역이나 산간 지역의 모바일 접근성을 높일 수 있는 방안을 제시하였으며, Shillington and Tong(2013) 역시 이와 유사한 네트워크 계획을 통해 미국 투손 지역의 응급 의료 서비스를 위한 와이파이 시설의 최적 입지 대안을 제안하였다. 또한 Thraves et al.(2008)는 와이파이 서비스의 커버리지를 최대화하는 입지 모델링을 통해 유비쿼터스 도시 네트워크를 구축하기 위한 공간적 대안을 보여 주었다. 외국 사례에 비해 보다 최근에서야 국내에서도 효율적인 와이파이 인프라 시설 계획에 대한 일부 연구가 진행되었는데, 이건학(2012b)은 전남대학교 캠퍼스 내 와이파이 음영 지역에 대한 추가적인 와이파이 입지 대안들을 도출하였다. 또한 이건학(2013)은 광주광역시 서구를 대상으로 Lee and Murray(2010)의 방법론을 적용한 도시형 무선 메쉬 네트워크를 제안하였다. 이수희・이건학(2014)은 인프라 시설, 인구학적 특성, 지역경제적 특성과 관련한 종합적인 모바일 격차 지수를 토대로 광주광역시의 모바일 격차에 대한 진단과 더불어 신규 와이파이 입지에 대해 처방적 논의를 하였다. 이건학・김감영(2013) 역시 모바일 격차를 해소하기 위한 처방적 접근이라 할 수 있지만, 기술적으로 한층 진보된 슈퍼 와이파이 시설에 대한 최적 입지 모델링을 보여 준다는 점이 주목할 만하다.

본 연구는 기존 연구들의 여러 접근법을 종합하는 차원에서 우리나라 모바일 정보 격차를 인구, 사회, 경제, 공간적 측면에서 실증적으로 '진단'하고, 이를 토대로 차세대 무선 정보통신기술인 슈퍼 와이파이의 최적 입지에 대한 효과적인 '처방'을 제시함으로써 지역 간 모바일 정보 격차를 완화하기 위한 구체적이고 현실적인 대안들에 대해 논의할 것이다.

2. 슈퍼 와이파이의 기술적 개요

1) 슈퍼 와이파이 기술 표준

슈퍼 와이파이(Super Wi-Fi 또는 White-Fi)는 미국 연방통신위원회(Federal Communications Commission: FCC)에서 지칭한 용어로, 통상 Wi-Fi(Wireless Fidelity)라 불리는 IEEE 802.11 기반의 근거리 무선 네트워크(Wireless Local Area Network: WLAN)보다 장거리 송수신을

〈표 2-1〉 화이트 스페이스 관련 무선 인터넷 서비스 기술

구분	주요 서비스	TVWS 관련 표준
무선 광대역	Super-WiFi, Rural Broadband, Wi-Fi Hotspot	802.22(WRAN) 802.11af(WLAN) ECMA-392(WLAN)
M2M	Super-WiFi, Smart City, Smart Grid	Weightless 802.11af(WLAN) 802.15.4(WPAN)
방송	Area 1seg	-
이동통신	TD-LTE Cellular Offload	3GPP TD-LTE 802.11af(WLAN)

출처: 장재혁(2013).

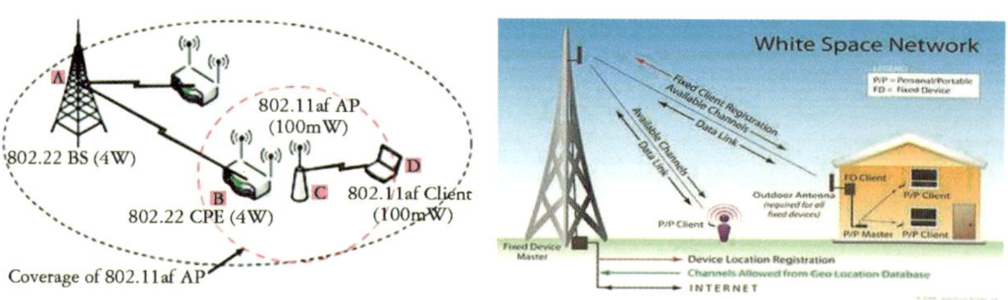

출처: Feng(2011), http://spectrumbridge.com.

〈그림 2-1〉 802.11af와 802.22 네트워크 구성도와 통신 방식

지원하는 무선 네트워크를 정의하기 위하여 부여한 명칭이다. 슈퍼 와이파이를 지칭하는 단일한 기술적 표준은 없는 상태이나, TV 유휴 대역 또는 화이트 스페이스(TV White Space: TVWS)를 활용한 장거리 무선 송신 기술을 일컫는다. IEEE에서 채택 중인 기술 표준은 WLAN에 기반한 802.11af와 광역 지역 무선 네트워크(Wireless Regional Area Network: WRAN)에 기반한 802.22 프로토콜이 있다. 두 기술 표준의 공통점은 TV 주파수 스펙트럼을 이용하여 장거리의 무선 송수신을 지원한다는 점인데, 802.22는 일반적으로 알려진 와이파이 통신 표준인 802.11과는 차별화된 고출력의 무선 네트워크이다. TV 유휴 대역과 관련된 무선 인터넷 서비스의 기술 표준들은 〈표 2-1〉과 같다.

와이파이는 무선랜 및 무선 장치 간 네트워크에 대한 일련의 기술 표준을 일컫는 용어로 무선접속장치(Access Point: AP)와 무선 이용이 가능한 단말기 간의 통신을 지원하여 IEEE 802.11을 기반으로 무선 통신하는 기술 또는 그 응용 서비스들을 의미한다. 와이파이의 표준 프로토콜은 802.11a/b/g/n/ac 등이 있는데 주로 2.4GHz와 5GHz 대역의 비면허 주파수를 이용한다. 이 외에도 3.6GHz 및 4.9GHz (802.11y), 5.9GHz(802.11p)의 대역을 이용하는 802.11 관련 프로토

〈표 2-2〉 상용화된 802.11 기반의 WLAN 프로토콜 주요 특성

프로토콜	배포	주파수	최대 전송률	전파 도달범위	
				실내	실외
802.11a	1999.9	5GHz	최대 54Mbps	30m 이내	50m 이내
802.11b	1999.9	2.4GHz	최대 11Mbps	30m 이내	100m 이내
802.11g	2003.1	2.4GHz	최대 54Mbps	30m 이내	100m 이내
802.11n	2009.10	2.4GHz, 5Ghz	최대 600Mbps	70m 이내	250m 이내
802.11ac	2012.12	5GHz	최대 867Mbps	50m 이내	50m 이내

출처: Dolezalek(2011).

콜이 있지만 상용되지는 않고 있으며 국가별 특수성에 따라 사용 채널의 제약과 차이가 존재한다.

국내에서 일반적으로 가장 많이 활용되는 와이파이 프로토콜은 802.11b, 802.11g, 802.11n이다. 이들의 통신 가능 거리는 이론적으로 약 50~100m에 달하나 전파 특성과 국지적 무선 환경의 차이로 인해 실제로는 그에 미치지 못하는 경우가 많다. 즉 실내 공간의 높이, 벽, 창문 같은 건축 소재 등의 요인으로 전파 회절이 발생하여 신호 세기가 손실될 수 있으며, 동일 대역폭을 이용하는 무선 기기 간 채널 간섭 때문에 통신 품질이 손상되는 경우가 발생한다. 실제 802.11b/g/n 프로토콜은 모두 2.4GHz에 인접한 13개 채널(2,412~2,472MHz)을 활용하고 있다. 게다가 이동통신사들의 경쟁적인 와이파이존 도입과 사설 무선랜 공유기 사용의 증가는 채널 간 전파 간섭 문제를 더욱 심각하게 만들고 있다(이건학, 2012a). 이에 따라 방송통

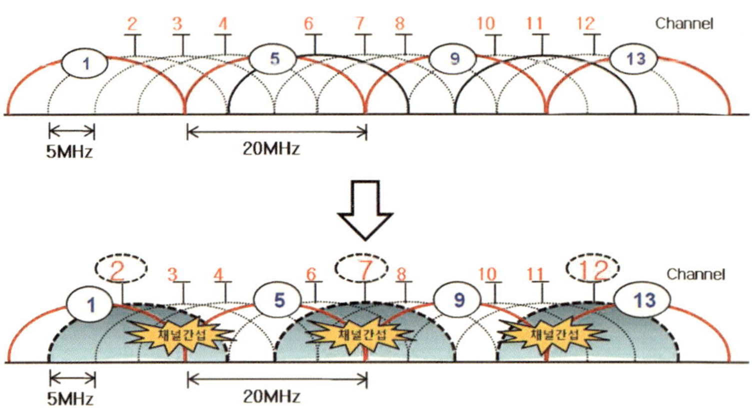

출처: 방송통신위원회(2011).

〈그림 2-2〉 2.4GHz 와이파이 주파수 대역의 채널 사용 가이드라인

신위원회는 2011년, 13개 채널 중 1, 5, 9, 13번의 채널을 선택하여 채널 간 혼신을 최소화하기 위한 가이드라인을 제시하기도 했다(〈그림 2-2〉).

이처럼 와이파이의 과밀로 인한 접속 불량 및 속도 저하 문제는 이용자들의 무선 인터넷 사용 편의를 방해하는 요인이 된다. 그래서 비교적 최신 규약에 속하는 802.11n과 802.11ac 프로토콜에서는 과포화된 2.4GHz 외에 추가적으로 5GHz를 이용하여 와이파이를 구성하고 있다. 5GHz 주파수의 경우 2.4GHz에 비하여 이용되는 무선기기의 수가 적고 채널 수의 여유가 있어 상대적으로 안정적이고 빠른 무선 통신이 가능하지만, 고주파수 전파의 특성상 회절에 취약해 이론적 도달 범위에 비해 커버리지가 작다는 단점이 있다. 이 때문에 지형적 제약이 있는 실외나 장애물이 많은 사용 환경에서는 이용하기에 불편함이 있다. 이렇듯 와이파이 기술은 근거리에서 고속 무선 인터넷 통신이 안정적이고, 별도의 라이선스를 필요로 하지 않는 비면허 주파수 대역을 사용함으로써 인터넷 서비스를 무료로 대중에게 제공할 수 있다는 측면에서 매우 유용하지만, 서비스의 실질적인 지리적 범위가 제한적이라는 단점이 있다. 따라서 보다 광역의 무선 인터넷 서비스를 저비용으로 구현할 수 있는 슈퍼 와이파이의 도입이 필요한 시점이다. 또한 모바일 기반 애플리케이션이 급속하게 증가하고, 재난·재해 긴급 구호, 도시 안전 및 치안, 스마트 도시 등 공공 영역에서의 무선 인터넷 서비스 수요가 증가함에 따라 슈퍼 와이파이의 활용성에 대한 기대 역시 커지고 있다.

2) 슈퍼 와이파이 주파수와 커버리지

슈퍼 와이파이는 아날로그 TV의 디지털 전환으로 인해 유휴 대역 또는 화이트 스페이스로 남는 700MHz대(698~806MHz)의 저주파수 대역을 사용하지만, DTV 채널의 14번에서 51번에 해당하는 470~698MHz 대역 역시 주파수가 공간적으로 중첩되지 않는 지역에 한해서는 활용이 가능하다(이원철·최주평, 2013). 무선 인터넷 서비스에 사용되는 주파수 대역의 특성은 서비스의 지리적 커버리지 범위에 결정적인 요인으로 작용하는데, 일반적으로 파장이 짧은 저주파수 대역은 장거리의 데이터 송수신에 적합한 특성을 가지고 있어 지역의 유비쿼터스 무선 통신 인프라 구축에 유용하게 활용될 수 있다. TV 화이트 스페이스를 활용한 슈퍼 와이파이는 주파수 특성상 전파 손실이 적어 기존 와이파이 대비 세 배 이상의 전송 거리를 확보할 수 있고, 통신 가능한 면적은 와이파이의 16배에 달한다(최동석, 2011). 즉 슈퍼 와이파이가 주로 사용하는 주파수 대역은 700MHz로 기존의 와이파이가 사용하는 주파수 대역폭(2.4GHz 또는 5GHz)보다 낮기 때문에 일반적인 와이파이에 비하여 커버리지가 확대되는 효과가 있다. 따라서 적은 기지국으로도 같은 수준의 지역에 효과적으로 서비스할 수 있다. 〈그림 2-3〉은 주파수 대역에 따른 커버리지의 차이를 보여 주는데 고주파대(5GHz)일수록 전파의 도달 범위가 짧고 저주파수(200MHz)일수록 보다 넓은 커버리지를 가지는 것을 알 수 있다. 주파수에 따라 달라지는 무선 신호의 지리적 도달 범위는 무선 인터넷 서비스를 위한 시설물인 와이파이 AP의 입지 계획에 중요한 요소가 된다. 즉 와이파이 AP가 채택한 주파수에 따라 서비스의 커버리지가 달라지며 특정 지역에 서비스를 위한 AP 개수가 달라진다(〈그림 2-4〉).

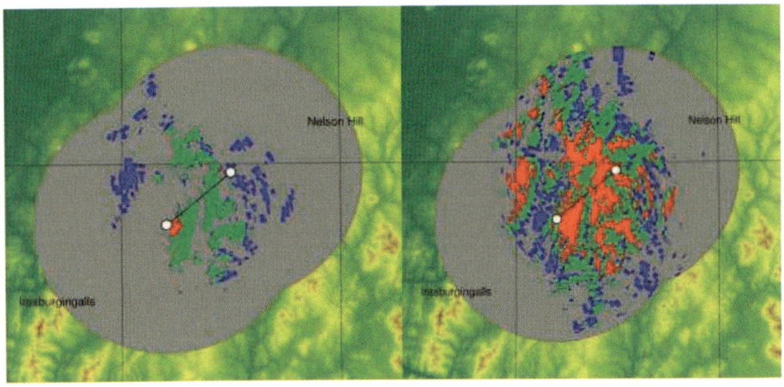

5GHz 대역의 커버리지　　200MHz 대역의 커버리지

출처: Carlson(2011).

〈그림 2-3〉 5GHz와 200MHz 대역의 커버리지 비교

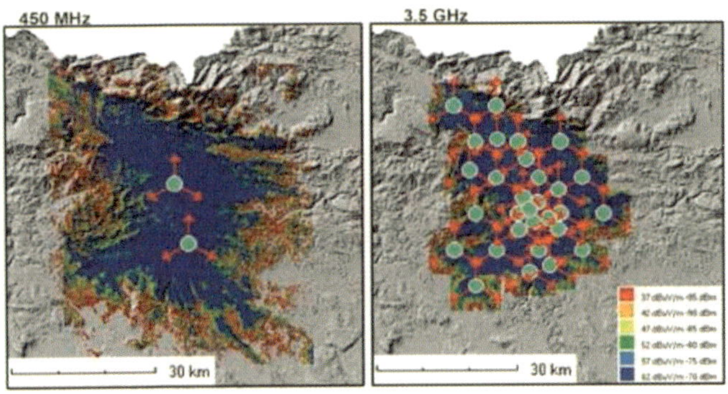

출처: COGEU(2010).

〈그림 2-4〉 동일 지역을 커버하기 위한 AP 개수의 주파수별 차이

또한 무선 신호는 주파수에 따라 지리적 도달 범위가 다를 뿐 아니라 송신기로부터의 거리에 따른 데이터 전송률도 차이가 난다. 일반적으로 무선 신호는 송신기에서 거리가 멀어짐에 따라서 전파의 세기가 감소하는데 전파의 세기가 거의 상실되는 거리가 최대 서비스

도달 범위라 할 수 있다. 물론 최대 서비스 도달 범위는 지형 장애물 같은 현실적 환경에 영향을 받기 때문에 실질적인 도달 거리와는 차이가 생길 수 있다. 고정형 TVWS 주파수와 TVWS, 그리고 2.4GHz와 5GHz WLAN(일반적 와이파이)의 거리별 전송률을 살펴보면(〈그림 2-5〉), TVWS 주파수를 활용한 무선 통신은 최대 속도는 100~200Mbps로 낮지만 TVWS의 경우 600m, 고정형 TVWS의 경우는 1.6km 이상의 전파 도달 범위를 보인다. 반면 널리 상용화된 2.4GHz 및 5GHz 와이파이의 경우 100~200m의 도달 범위를 갖기 때문에

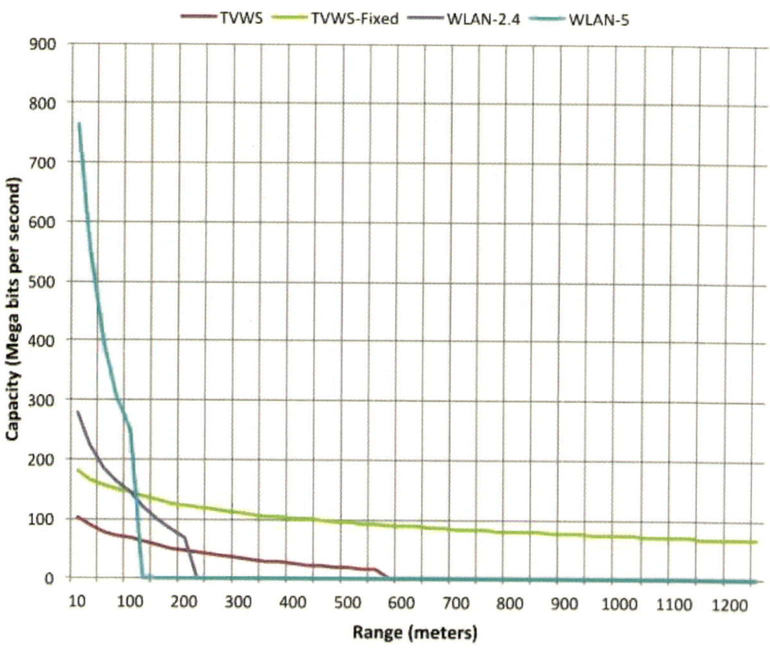

출처: Flores et al.(2013).

〈그림 2-5〉 거리에 따른 주파수 대역별 전송률

1km 이상의 장거리 송신에는 적합하지 않은 것을 확인할 수 있다.

고주파수와 저주파수 전파 특성의 큰 차이점 중 하나는 회절 가능성에 따른 투과율이라고 할 수 있다. 실세계에서 빈번하게 회절을 일으키는 건축 환경을 대상으로 주파수별 신호 손실을 비교한 Flores et al.(2013)의 실험에 따르면, 도심에 설치된 와이파이의 경우 철근, 콘크리트, 벽돌 같이 건물 외벽을 이루는 재질과 유리, 합판 같은 건물 내 건축 자재에 크게 영향을 받는 것으로 나타났다. 〈표 2-3〉에서 나타나듯이 5.7GHz의 고주파 대역과 슈퍼 와이파이로 활용될 TVWS 대역과 유사한 0.57GHz(570MHz) 대역의 신호 손실 차이는 최대 30dBm까지 나는 것으로 나타났고, 일반적인 와이파이가 자주

〈표 2-3〉 주파수별 투과성에 따른 신호 손실 비교

재질 \ 신호 손실	0.57GHz(A)	1GHz	2GHz	5.7GHz(B)	신호 손실 차이(A-B)
벽돌 89mm	-1.50	-3.50	-5.40	-15.00	13.50
벽돌 267mm	-4.80	-7.00	-10.50	-38.00	33.20
합성 벽돌 90mm/ 콘크리트 벽 102mm	-12.00	-14.00	-18.00	-42.00	30.00
합성 벽돌 90mm/ 콘크리트 벽 203mm	-21.50	-25.00	-33.00	-71.50	50.00
석조 203mm	-9.50	-11.50	-11.00	-12.75	3.25
석조 610mm	-26.50	-27.50	-30.00	-46.50	20.00
유리 6mm	-0.40	-0.80	-1.40	-1.10	0.70
유리 19mm	-2.50	-3.10	-3.90	-0.40	-2.10
합판(건조) 6mm	-0.150	-0.49	-0.90	-0.10	-0.05
합판(건조) 32mm	-0.850	-1.40	-2.00	-0.90	0.05
철근 콘크리트 203mm/ 1% 철	-23.50	-27.50	-31.00	-56.50	33.00
철근 콘크리트 203mm/ 2% 철	-27.50	-30.00	-36.50	-60.00	32.50

출처: Flores et al.(2013).

사용하는 2GHz 대역과 570MHz 대역 간에도 최대 10dBm 정도의 신호 손실 차이가 있음을 알 수 있다. 기존 와이파이보다 저주파수 대역을 이용하는 슈퍼 와이파이는 상대적으로 주변 환경에 영향을 덜 받지만, 보다 현실적인 슈퍼 와이파이 AP 계획을 위해서는 대상 지역의 지형 및 인공 구조물 등 환경적 특성도 면밀히 고려할 필요가 있다.

TVWS 대역은 국가마다 세부적인 차이가 존재하지만 일반적으로 54MHz~1GHz의 저주파수 대역을 의미한다. 이 중 아날로그 TV의 디지털 전환으로 인해 가용하게 된 채널과 디지털 TV 음영 지역에서 사용 가능한 주파수 대역을 슈퍼 와이파이를 위한 자원으로 활용할 수 있다. 국내의 경우 54~88MHz 대역과 698~806MHz 대역이 사용 가능하다. 또한 새로이 디지털 TV의 주파수로 할당받은 470~698MHz 역시 사용이 가능하지만, 방송용 주파수와 인접하여 전파 간섭의 가능성이 높기 때문에 실제 슈퍼 와이파이로 활용하기 위해서는 기술적으로 극복해야 할 사항들이 많다. 국내에서 슈퍼 와이파이에 활용될 가능성이 높은 698~806MHz의 경우 15~69번 채널에 해당하며, 기존 2.4GHz 기반의 와이파이에서 사용이 가능한 13개의 채널(1~13번)보다 훨씬 많은 채널을 사용할 수 있다. 그러나 주파수 정책상, 유휴 주파수를 슈퍼 와이파이에 사용하지 않거나 사용하더라도 다른 전파 서비스와 혼용하여 개방할 가능성 역시 존재한다. 802.11af에 기반을 둔 슈퍼 와이파이는 최대 2마일(3.2km)에 달하는 넓은 커버리지를 가지지만, 커버리지가 넓은 만큼 동일 주파수나 인접한 방송용 주파수 대역 간의 전파 간섭 가능성 역시 클 수 있다. 따라서 기존 방송 주파수와의 충돌을 방지하기 위하여 간섭 채널을 검색하고 이를 피하는 기술이 필요하다. 주파수 간 간섭을 피하는 기술은 크게 데이터베이스 방식과 스펙트럼 센싱 방법으로 구분할 수

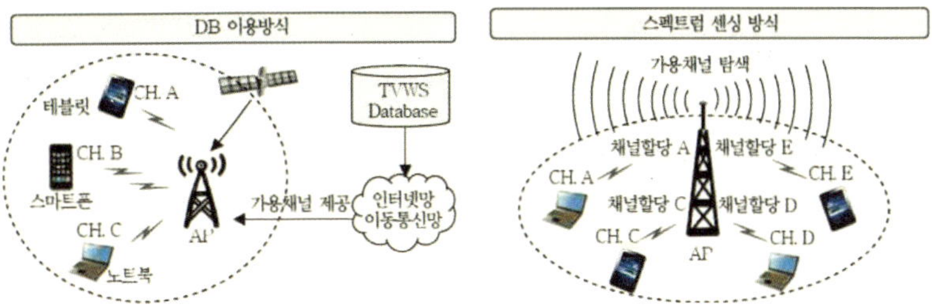

출처: 최성웅 외(2011).

〈그림 2-6〉 주파수 간섭 회피 기술

있는데, 데이터베이스 방식은 고정된 채널 할당 상황에 대한 데이터베이스를 네트워크를 통하여 제공하는 방식으로 수동적이라고 볼 수 있다. 스펙트럼 센싱 방식은 AP에서 가용 채널을 탐색하여 제공하는 기술로 인지 무선(cognitive radio) 기술의 하나이다(최성웅 외, 2011). 상대적으로 넓은 커버리지를 지닌 TVWS 기반 슈퍼 와이파이의 경우 인접 채널 및 주파수를 활용하는 무선 서비스와 충돌을 방지하기 위한 필수적인 기술이다.

3. 슈퍼 와이파이 도입의 기술적 이슈

1) TV 화이트 스페이스 주파수

방송통신위원회는 지상파 디지털 TV 방송 주파수 재배치 계획을 2012년에 수립하였다. 주파수 재배치 계획의 핵심은 아날로그 TV

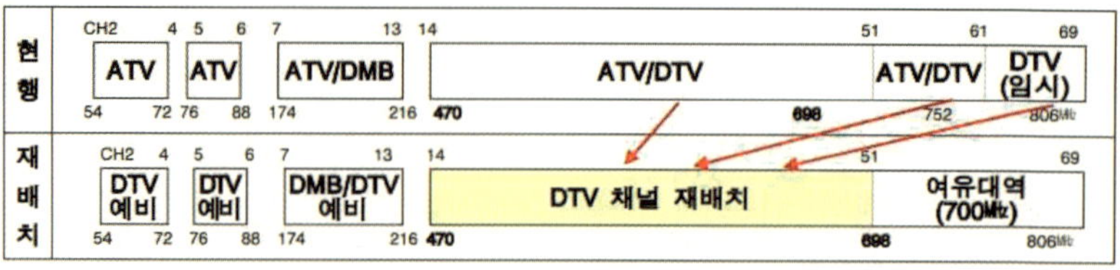

출처: 방송통신위원회(2012).

〈그림 2-7〉 디지털 TV 방송 주파수 재배치

방송이 종료됨에 따라 임시로 쓰고 있던 디지털 TV 방송을 470~698MHz에 확정 배치한 것으로, 기존 아날로그 방송 대역과 임시 디지털 방송 대역에서 새로운 예비 채널들이 확보되었다. 〈그림 2-7〉에서 보이는 것처럼 54~72MHz, 76~88MHz, 174~216MHz, 698~806MHz의 예비 대역이 확보되었는데, 이 중 698~806MHz(51~69채널)는 방송용으로 사용하지 않는 유휴 주파수로 슈퍼 와이파이 같은 무선 인터넷을 위해 이용 가능성을 열어 두었다. 나아가 방송통신위원회는 슈퍼 와이파이를 도입할 수 있는 근거를 담은 무선 설비 규칙과 주파수 분배표 개정안을 입법 예고하여(디지털타임스, 2013.2.11), 기존 TV 대역에 다른 무선기기를 사용할 수 있도록 하였다. 하지만 해당 대역을 이용하던 방송 송출 사업자들은 난시청 지역 보완 등의 목적에 신호 간섭이 일어날 수 있다는 가능성을 제기하면서 유휴 대역을 슈퍼 와이파이로 사용하는 것에 대한 반발을 표하고 있다. 또한 방송용 주파수와 통신용 주파수의 관리 주체가 방송통신위원회와 미래창조과학부로 분리되면서 유휴 대역에 대한 배정이 점차 정치적 쟁점으로 바뀌어 슈퍼 와이파이의 도입 여부의 결정이 계속 지연되고 있다.

이론적으로 슈퍼 와이파이의 효용성을 최대화하기 위해서는 저주파수 대역을 사용하는 것이 유리하다. 하지만 방송 신호 간섭에 따른 방송 방해가 심각해질 수 있으며, 방송통신위원회(2012) 또한 디지털 방송 커버리지를 96%까지 확대한다는 목표로 DTV 전환에 따른 난시청 지역 발생에 대하여 방송보조국, 소출력중계기, 마을공시청설비 개선 및 구축 정책을 수립하였기 때문에 사실상 700MHz 이하의 470~698MHz 대역은 슈퍼 와이파이로 이용하기에 어려운 실정이다. 만약 470~698MHz 대역을 슈퍼 와이파이로 이용한다면, 채널 간 간섭이 필수적으로 발생할 것으로 예상된다. 따라서 방송사, 이동통신사 등 이해 당사자 간에 합의하여 주파수 배정과 더불어 방송 신호와 통신 신호간의 간섭을 최소화할 수 있는 기술 기준 마련이 선행되어야 한다(최동석, 2011).

2) 슈퍼 와이파이 네트워크 구성

슈퍼 와이파이 네트워크는 일반적으로 Geo-location Database(GDB), Assess Point(AP), Mobile Service(MS)로 구성된다. 〈그림 2-8〉에서

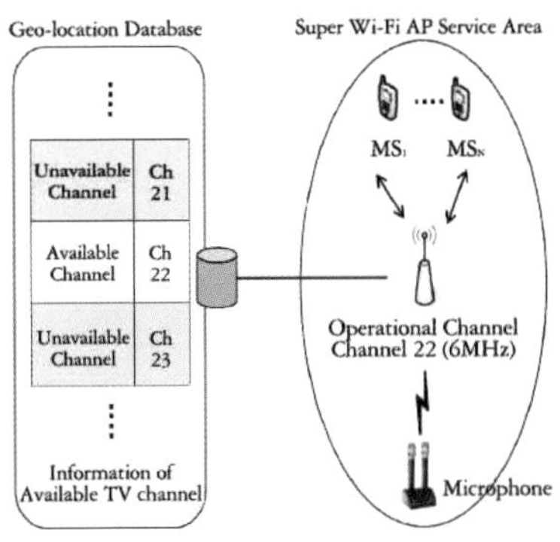

출처: 김명유 외(2012).

〈그림 2-8〉 슈퍼 와이파이 네트워크 구성

보듯이, GDB는 AP의 위치 정보를 바탕으로 해당 지역에서 사용 가능한 TV 채널 목록을 제공하며, AP는 GDB의 정보에 따라 사용 가능한 채널을 선택하게 된다. 선택된 채널은 비콘 프레임(beacon frame)[1]의 형태로 각 MS에 전송되며 MS는 선택된 채널을 통해 슈퍼 와이파이에 접근할 수 있다(김명유 외, 2012).

슈퍼 와이파이 네트워크를 구성하는 각 요소들의 구현 기기는 크게 고정형 기기(fixed device)와 개인/휴대용 기기(personal/portable device)로 구분할 수 있다(〈그림 2-9〉). 고정형 기기는 특정 장소에 고정되어 전파를 송수신하는 기기를 말하는데, 고정형 AP의 경우 TV 대역 데이터베이스에 접근하여 가용한 채널을 검색하고 선택하여 다른 기기로 동작 신호를 전송함으로써 네트워크를 가동하는 역할을 한다. 개인/휴대용 기기는 위치 측위 기능과 데이터베이스 접속 기능 보유 여부에 따라 두 가지 모드로 구분된다. 모드 I 의 경우, 위치 측위나 데이터베이스 접속 기능이 없어 가용한 채널들을 고정형 또는 모드II로부

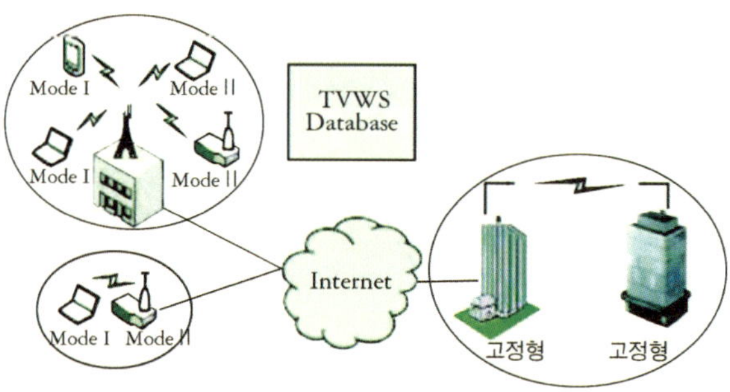

출처: 최성웅 외(2011).

〈그림 2-9〉 슈퍼 와이파이 네트워크 기기 유형

1) 일정한 주기로 송출되는 무선 프레임 신호로 해당 기기를 식별하고 기기의 상호교신에 자주 사용됨.

터 전송받기 때문에 고정형 기기와 달리 다른 기기들의 네트워크를 구동하지 못한다. 따라서 모드 I 은 주로 MS 요소에 해당된다. 반면 모드 II는 위치 측위 기능과 데이터 접속 기능이 모두 내장되어 있어 데이터베이스로의 직접적 접근이나 고정형 기기를 통한 간접적 접근이 가능하다. 모드II 기기는 다른 기기들과 송수신할 수 있으며, 스스로 채널을 선택하여 통신을 시작할 수 있고 네트워크의 일부로 구동할 수 있기 때문에 이동형 AP나 MS 모두에 해당될 수 있다(최성웅 외, 2011).

3) 슈퍼 와이파이 AP 관련 이슈

슈퍼 와이파이는 TV의 주파수 대역에서 '비워 둔' 영역을 활용하는 기술로 원래 회선의 주체는 TV 장치(1차 우선 사용자)와 무선 마이크(2차 이용자)이다. 따라서 TV의 방송 신호가 우선적으로 보호되는 조건 하에 이와 충돌하지 않는 시스템을 구성하는 것이 슈퍼 와이파이를 운용하는 데 매우 중요하다. 비면허 장비들이 기존 방송 사업자들의 방송 신호를 감지하고 유휴 주파수를 찾아 간섭을 받지 않으면서 통신할 수 있는 간섭 회피 방법으로는 앞서 언급한 것처럼 크게 두 가지가 있다. 첫 번째 방식은 데이터베이스를 이용하는 것으로 간섭 회피의 신뢰성이 높다는 장점이 있다. 데이터베이스를 이용한 간섭 회피 방법을 구현하기 위해서는 우선 고정형 AP에 내장된 위치 측위 장치의 지리적 정확도가 보장되어야 한다. 고정형 기기는 안테나를 설치한 후 처음 시작 시 그 위치가 결정되는데, 이때 측위 장치는 적어도 실제 위치와의 오차를 ±50m 이내로 유지해야 한다. 이렇게 설치된 고정형 기기는 적어도 하루에 한 번 데이터베이스에 접근하여 현재의 채널이 이용 가능한지 주기적으로 확인해야 한다. 모드II의 경우, 고정형 기기와 마찬가지로 측위 오차 범위가 ±50m 이내로 유지되어야 하며 기기가 켜져 있는 동안 최소 1분마다 자신의 위치를 체크해야 한다. 기기의 위치가 100m이상 변경되었을 때는 데이터베이스에 접근하여 현재 지역에서의 가용 채널을 확보해야 한다. 위치 측정이 불가능한 모드Ⅰ의 경우에는 데이터베이스에 접속하여 FCC ID(미국 기준)를 인증하면, 고정형 또는 모드Ⅱ가 제공하는 채널을 사용할 수 있다. 그러나 이러한 방법은 살펴본 바와 같이 상시적으로(또는 주기적으로) 데이터베이스에 접속이 가능해야만 운영될 수 있기 때문에 별도의 DB를 구축하는 것이 필수적이다. 두 번째 방식은 스펙트럼 센싱인데 위치 측위 및 DB 접속에 상관없이 주변 환경에 따라 가용 채널을 능동적으로 확보하는 방식이다. 데이터베이스 방식보다 동적이며 채널 변경에 능동적으로 대처할 수 있는 장점이 있지만, 실제로 구현하기에는 기술적 어려움이 존재한다. 예를 들어 스펙트럼 센싱이 기존 무선 서비스와 간섭을 일으키지 않음을 테스트를 통해 검증해야 하는데, 이 과정은 기기에서 제조 비용이 상승할 수 있다(최성웅 외, 2011).

슈퍼 와이파이 AP와 관련한 또 다른 이슈는 무선 신호 특성에 따른 지리적 제약인데 크게 두 가지로 살펴볼 수 있다. 첫째, 적절한 신호 회피 기술을 갖추지 못하였거나 특정 채널이 포화되었을 경우 해당 채널에 대해 슈퍼 와이파이를 이용하지 못하는 공간적 범위를 제외하여야 한다. 앞서 언급한 것처럼 슈퍼 와이파이는 기존의 방송 주파수 중 유휴 주파수인 화이트 스페이스를 활용하기 때문에 주파수 간 간섭으로 인한 서비스 영향이 발생할 수 있다. 우리나라의 경우 TV 방송국의 개별 중계기는 각각에 대한 허가방송구역(또는 수신가능지역)의 서비스 권역을 가지고 있고 대개 행정구역과 연계되어 있다(〈그림 2-10〉). 특히 수신가능구역은 행정구역과 연계된 허가방송구역

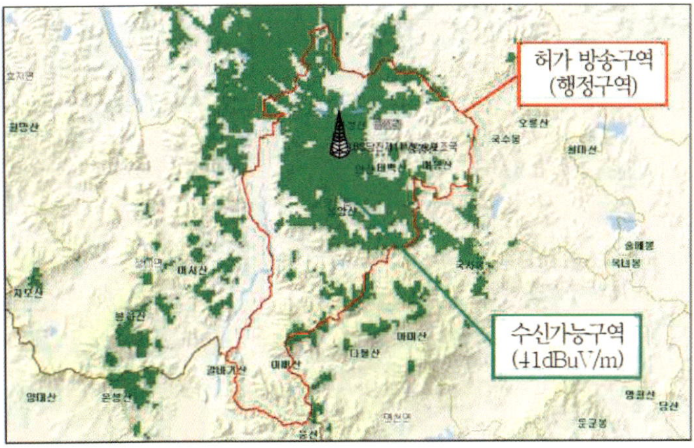

출처: 최성웅 외(2011).

〈그림 2-10〉 허가방송구역과 수신가능구역

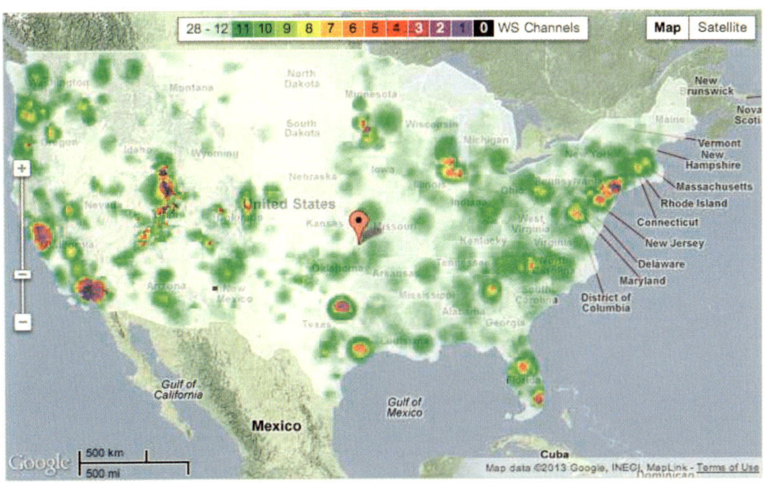

출처: http://www.spectrumbridge.com.

〈그림 2-11〉 Spectrum Bridge의 TVWS 스펙트럼 검색 지도

출처: http://radiomap.go.kr.

〈그림 2-12〉 국립전파연구원의 전파 지도

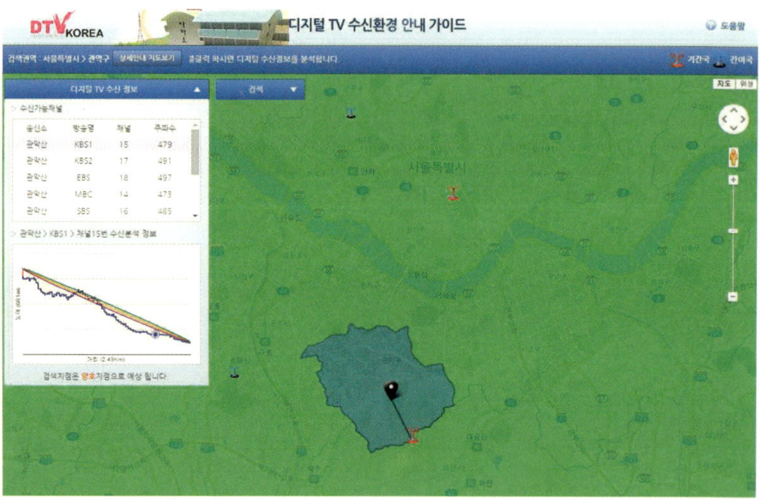

출처: http://www.dtvkorea.org.

〈그림 2-13〉 DTV 코리아의 디지털 TV 수신 정보 지도

과 달리 실제 방송이 수신 가능한 지역을 정의한 것으로 산지, 고도 등의 지형적 영향에 크게 의존한다. 이러한 TV 중계기와 근접한 곳에 화이트 스페이스 기기를 설치하게 되면 주파수 간 간섭이 발생할 수 있고 모든 서비스에 영향을 미치기 때문에 보호 구역으로 지정될 필요가 있다. Spectrum Bridge사의 Show My White Space라는 인터넷 사이트는 구글 지도로 미국의 방송 구역을 검색할 수 있도록 해주며, 우리나라 역시 국립전파연구원, DTV 코리아 등에서 특정 지역에서 수신 가능한 방송 채널, 방송국, 수신 강도 등의 방송 수신 현황을 전파 지도를 통해 제공하고 있다.

슈퍼 와이파이 AP의 두 번째 지리적 제약은 고정용 AP의 송수신 안테나와 관련된다. 슈퍼 와이파이는 기존의 와이파이에 비해 도달 범위가 넓고 투과율이 좋아 지리적인 제약이 비교적 약하다고 볼 수 있으나, 전파의 송신 출력 제한 때문에 고정용 AP의 송수신용 안테나의 높이는 지상으로부터 30m이내에 설치되어야 하며, 평균 지상고도(안테나 중심의 3~16km 반경 내의 평균 고도)는 76m 이내가 되어야 한다(〈그림 2-14〉). 고정형 AP는 전송 전력이 1W/6MHz 이하여야

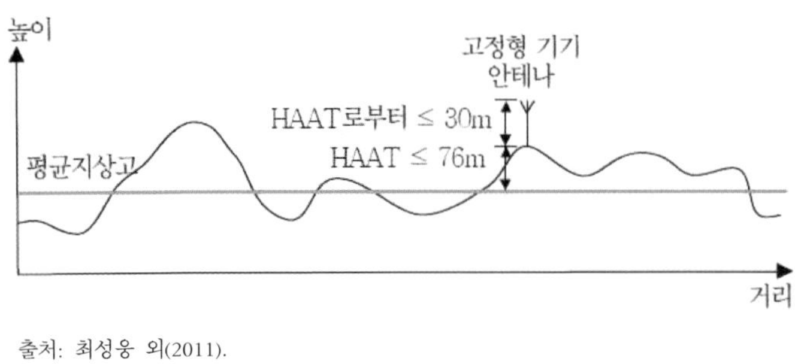

출처: 최성웅 외(2011).

〈그림 2-14〉 고정형 AP의 안테나 높이 제한

〈표 2-4〉 미국 FCC의 슈퍼 와이파이 전송 규격

	고정형	모드 I	모드 II	센싱 단독
전송 전력(PSD)	≤1W	≤100mW	≤100mW	≤50mW
DB 접속	±50m	±50m	DB 비접속	DB 비접속
스펙트럼 센싱	없음	없음	없음	-114dBm
인접 채널 제한치 (6MHz)	인접 채널 사용 불가	≤40mW	≤40mW	≤40mW

* PSD: power spectral density.
출처: 이원철 · 최주평(2013).

하는데, 이는 방향성 이득(gain)[2)]이 6dBi 이하가 되어야 함을 의미하며, 이를 초과하는 수준의 이득은 감쇄해 주어야 한다. 휴대용 기기의 경우 최대 EIRP(Effective Isotropic Radiated Power)[3)]는 100mW/6HMz (20dBm)이다. 그러나 인접 채널과 적당히 이격되지 않는다면, 이 값은 40mW/6HMz으로 제한된다(이원철 · 최주평, 2013).

4. 주요 국가의 슈퍼 와이파이 도입 현황

1) 미국과 캐나다

미국은 TVWS를 활용한 슈퍼 와이파이 도입의 선도 국가로서 이미 상용화 단계에 돌입하였다. 버지니아 주의 클라우드빌(Claudville) 지역의 경우 2009년 10월, Spectrum Bridge사가 실험 면허를 부여

2) 주어진 안테나의 입력부에 공급되는 전력과 기준 안테나의 입력부에 필요한 전력의 비율.
3) 등방성 안테나에서 방사된 전력에 대해 최대 이득 방향으로 방사된 실효 전력.

받아 미국 최초로 TVWS DB를 이용한 광대역 인터넷 시험 서비스를 실시하였다. 해당 기술이 적용된 곳은 대체로 산지, 구릉지, 습지와 같은 미개발 지역이며 일반적인 광대역 서비스 분야부터 공공 시설의 감시, 관리까지 다양한 영역에서 활용되었다. 2008년에 아날로그 TV가 디지털로 전환되면서 화이트 스페이스를 이용한 슈퍼 와이파이의 상용화가 2012년 세계 최초로 노스캐롤라이나 주의 뉴 하노버 카운티(New Hanover County)에서 이루어졌다. Hugh MacRae 공원과 Airlie 식물원 등에서 슈퍼 와이파이를 시범적으로 적용한 후 2012년 1월부터 윌밍턴(Wilmington)과 뉴 하노버를 대상으로 Spectrum Bridge사가 상용 서비스를 제공하고 있다(장재혁, 2013). 이 서비스는 해안, 습지와 같은 기존 광통신망 인프라 구축이 어려운 지역이나 인터넷 낙후 지역에 주로 적용되었고 수질 관리, 조명 제어, 강물 센서 관리 등 스마트 시티 응용 분야에 활용되고 있다.

캐나다 산업부는 2012년 10월, TVWS를 비방송용 분야에 초점을 맞추어 운영할 것이라고 공표하였다. 해당 주파수 대역은 698MHz 이하 TV 대역 중 54~72MHz, 76~88MHz, 174~216MHz, 470~608MHz, 614~698MHz의 5개 대역인데, 미국이 적용한 형태를 참고하여 낙후 지역의 인터넷 서비스를 위해 TVWS를 활용하는 데 중점을 두었다. 또한 TVWS뿐 아니라 3.5GHz를 활용한 고주파수 슈퍼 와이파이도 계획하고 있어 슈퍼 와이파이 도입에 적극적인 행보를 보이고 있다.

2) 일본과 싱가포르

슈퍼 와이파이의 상용화가 빠르게 진행된 미국과 달리 일본은 한국과 유사하게 슈퍼 와이파이에 대한 논의 및 시험 단계에 있다. 일본 총무성은 2011년 4월 'TV 유휴 대역 특구'를 발표 후 TVWS를 활용한 지역 한정 모바일 방송인 'Area 1seg' 시범 서비스를 시작하였고(장재혁, 2013), 일본 국립정보통신연구원(NICS)은 2012년 10월 세계 최초로 470~710MHz 대역에서 TVWS를 활용한 White-Fi (802.11af) 프로토타입을 시험하였다(Fierce broadband wireless, 2012). 일본은 주로 슈퍼 와이파이를 이용한 모바일 방송에 관심을 보이며 광대역 인터넷 서비스보다 모바일 기반의 지역 활성화나 신산업 창출에 초점을 맞추고 있다(정근호, 2011).

싱가포르 정보통신개발청(IDA)은 Microsoft, StarHub, Institute for Infocomm Research 등이 창립 멤버인 SWSPG 창설을 지원하여 2012년 9월에 TVWS 상용 시범 서비스를 시작하였다. 싱가포르는 스마트 도시 구축에 슈퍼 와이파이를 적극 활용하는 것을 1차 목표로 하고 있으며 센서, 가스, 수도, 전기 등 도시 인프라 서비스뿐 아니라 산간 지역과 같은 무선 인터넷 접속이 어려운 지역을 위한 보완적 무선 인프라로 활용하고 있다.

3) 영국과 유럽 국가

영국은 TVWS 기반 시험을 위한 컨소시엄(Neul, BT, Spectrum Bridge, 삼성 등 10개 사)을 구성하여 2012년 3월 캠브리지에서 TVWS를 활용한 시험 서비스를 수행한 이후, 2012년 4월 Neul사를 통해 캠브리지 도시 전역에 다섯 개의 기지국을 설치하여 TVWS 네트워크 시범 서비스를 제공하고 있다. 스코틀랜드 뷰트(Bute) 및 서남부 콘월(Cornwall) 지역에서도 컨소시엄을 통해 2012년 3월 470~790MHz

대의 TVWS를 활용한 시범 서비스를 진행하였다. 영국은 상대적으로 저렴하고 안정적인 도시형 무선 네트워크 구축 대안으로 슈퍼 와이파이에 주목하고 있으며, DB 접속 방식을 간섭 회피 기술로 우선적으로 고려하는 등 새로운 무선 표준을 채택하려는 움직임을 보이고 있다.

핀란드의 경우 한국과 유사하게 통신규제위원회(FICORA)를 중심으

〈표 2-5〉 국내외 TVWS 시범 서비스 사례

국가	서비스	시작	지역	적용 대상	참여 기업
미국	최초의 DB 접속 기반 광대역 인터넷	2009. 10	클라우드빌	언덕, 습지	Dell, SB, MS
	스마트 그리드	2010. 6	플루마스시에라	산악, 사막	SB, 플루마스시에라전력공사, 구글
	원격 진료	2010. 9	로간	부도심, 의료 환경	SB, 호킹밸리 병원, 구글
	스마트 시티	2012. 1	윌밍턴 뉴하노버 카운티	도심, 해변	SB, TVBS
	고속 상업 인터넷	2013. 4	엘도라도	낮은 품질 인터넷 지역	칼닷넷, 칼슨
영국	이동통신 오프로딩, M2M, 위치기반 서비스	2012. 3	캠브리지	캠브리지 도심 등	SB, MS, 노키아, 삼성, Neul, 칼슨, BBC, BSkyB, Arqiva, BT, 캠브리지 컨설턴트, TTP, Adaptrum, 알카텔루슨트 등
	PTMP 통신, 광대역 인터넷, 스마트 그리드 통신	2012. 3	스코틀랜드 뷰트	해양 · 도서지방 및 농어촌 지역	BT, BBC, Strathclyde 대학, Steepest Ascent, Berg Design, NetPropagate
일본	지역 모바일 방송	2011. 4	TVWS 특구		총무성
싱가포르	와이파이, 스마트 미터, M2M 등	2012. 9		산림 지역, 스마트 그리드 서비스 환경 등	IDA, MS, Star Hub, Infocomm Research
핀란드	TV 방송 서비스 공존 테스트, DB 성능 테스트	2012. 8	투르쿠	항구 도시	FICORA, Digita, Fairspectrum, Nokia, Turku 및 Aalto 대학
케냐	TVWS 네트워크, 원격 헬스 케어 등	2013. 1		추진 중	MS, Adaptrum, SB 등
남아공	광대역 인터넷 등	2013. 1	케이프타운		구글, 칼슨, Neul, TENET, CSIR, sSchool, WAPA 등
한국	슈퍼 와이파이, 지하 재난/재해 영상 서비스	2011. 11	제주, 남양주		방통위, 제주테크노파크, 소방방재청

출처: 최주평 외(2013).

로 유휴 주파수에 대한 수요를 조정하고 공유하는 데 논의가 집중되고 있다. 구체적으로 배분된 주파수의 간섭, 우선 접속 문제 등을 해결하기 위한 주파수 공유에 초점을 맞추고 있다. 관련하여 민·관·학으로 구성된 유휴 대역 실험 프로젝트(WISE) 컨소시엄을 구성하였고, 2012년 8월 유럽 최초로 투르쿠(Turku) 지역에 470~790MHz TVWS 주파수 면허를 1년간 발급하여 WISE 프로젝트를 진행하였다(FICORA, 2012). 그 밖에 아일랜드, 독일, 프랑스 등에서도 슈퍼 와이파이 관련 논의가 활발하게 진행되고 있다(〈표 2-5〉).

Ⅲ. 우리나라 와이파이 지리와 모비일 정보 격차

III. 우리나라 와이파이 지리와 모바일 정보 격차

1. 거시적 스케일의 와이파이 공간 분포 특성

1) 시군구별 와이파이 분포

미래창조과학부가 제공하는 2012년 와이파이 DB에 따르면, 주소 이상치를 제외한 결과 전국에 총 288,600개의 AP가 설치된 것으로 조사되었다. 이를 시군구 단위로 집계한 결과(〈그림 3-1~3-2〉), 각 시군구당 평균적으로 1,254개의 와이파이 AP가 설치되어 있으며, 서울특별시 강남구(9,913개)에 가장 많이 분포하고, 경상북도 영양군(23개)에 가장 적게 분포하는 것으로 나타났다.

〈그림 3-3〉과 〈그림 3-4〉는 각각 실제 지리적 좌표에 기반한 와이파이 AP의 공간적 분포와 시군구 단위로 집계한 AP 개수의 분포를 보여 준다. 전체적으로 서울을 비롯한 수도권 일대, 광역시권, 지방 도시권 등 인구가 밀집한 지역에 AP가 많이 분포하고 있으며, 농어촌 지역을 비롯한 도서, 산간 지역 등 인구가 희박한 지역은 적은 수의 AP가 분포함을 알 수 있다.

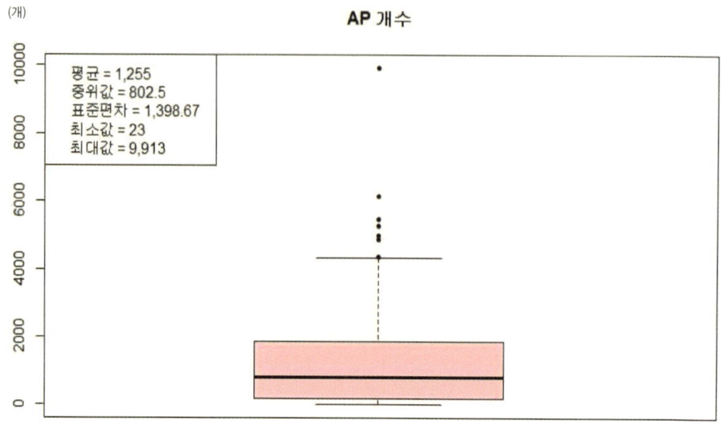

〈그림 3-1〉 시군구별 AP 개수 박스 플롯

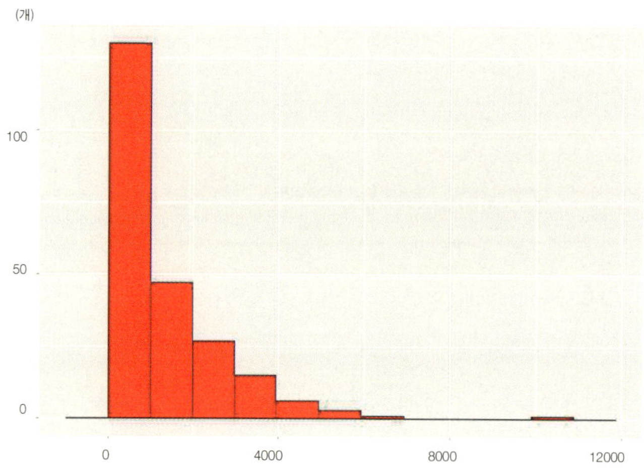

〈그림 3-2〉 시군구별 AP 개수 히스토그램

보다 구체적으로 AP 개수의 상하위 10개 시군구를 살펴보면(〈표 3-1〉), 주로 서울 및 경기권에 AP가 집중적으로 분포함을 알 수 있으

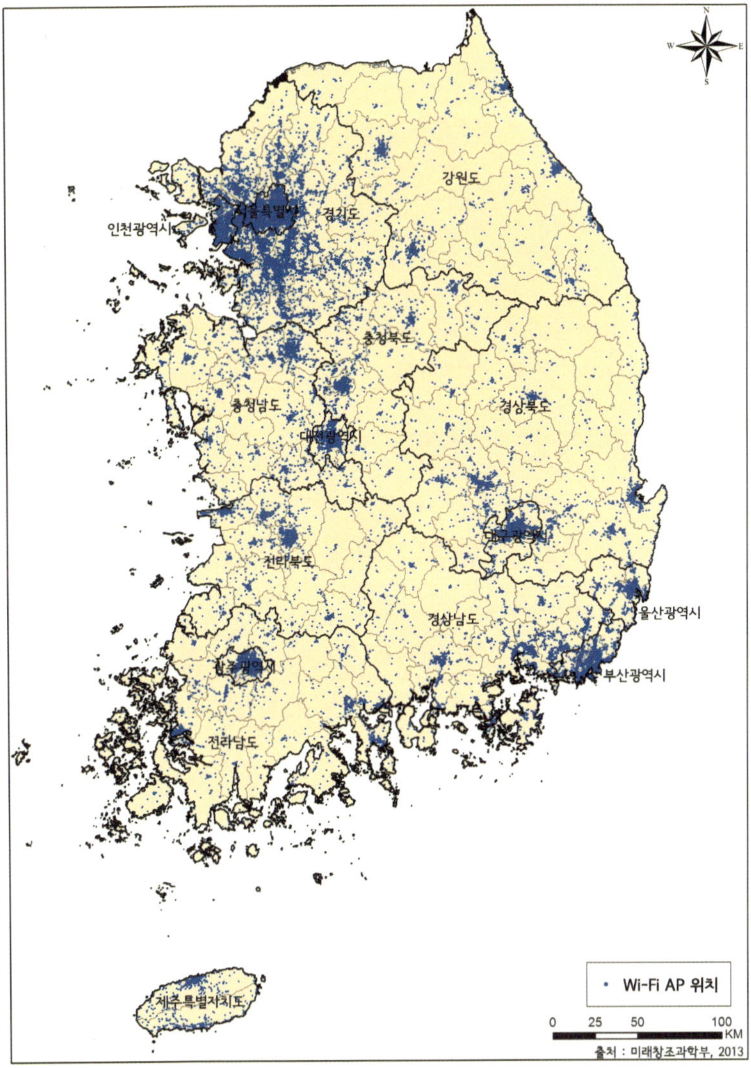

〈그림 3-3〉 와이파이 AP의 공간적 분포

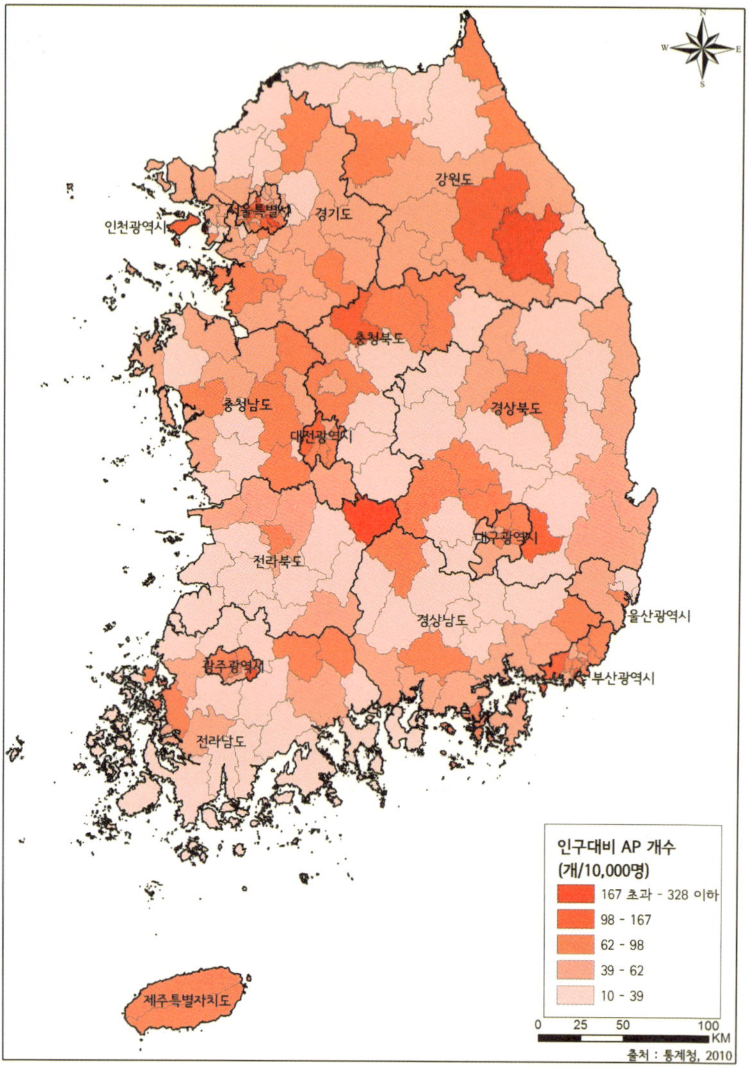

〈그림 3-4〉 시군구별 와이파이 AP 분포

〈표 3-1〉 와이파이 AP 개수 상하위 10개 시군구 단위 (개, %)

상위 10개			하위 10개		
순위	시군구	AP 개수	순위	시군구	AP 개수
1	서울특별시 강남구	9,913(3.43)	1	경상북도 영양군	23(0.01)
2	경상남도 창원시	6,141(2.13)	2	경상북도 봉화군	32(0.01)
3	경기도 성남시	5,471(1.90)	3	경상북도 울릉군	35(0.01)
4	경기도 수원시	5,267(1.83)	4	전라북도 진안군	41(0.01)
5	서울특별시 서초구	4,983(1.73)	5	경상남도 의령군	43(0.01)
6	경기도 용인시	4,869(1.69)	6	경상남도 합천군	47(0.02)
7	경기도 고양시	4,365(1.51)	7	전라북도 장수군	47(0.02)
8	서울특별시 영등포구	4,320(1.50)	8	전라남도 진도군	52(0.02)
9	광주광역시 북구	4,039(1.40)	9	전라남도 강진군	52(0.02)
10	전라북도 전주시	4,033(1.40)	10	경상북도 군위군	54(0.02)

〈표 3-2〉 도농별 와이파이 AP 분포 현황 (개, %, km^2)

구분	시군구 개수	AP 개수	면 적	커버리지
도시 지역 (시 · 구 지역)	144(62.6)	269,466(93.4)	43,007.89(42.6)	1,343.52(3.1)
농촌 지역 (군 지역)	86(37.4)	19,134(6.6)	57,873.88(57.4)	196.54(0.3)
계	230(100.0)	288,600(100.0)	10,0881.77(100.0)	1,540.06(100.0)

며, 서울의 경우 일반적인 도심인 중구, 종로구 일대보다 부도심 지역인 강남, 서초, 영등포구에 AP가 집중적으로 분포함을 확인할 수 있다. 경기도의 경우 신도시가 발달한 성남시, 수원시, 용인시, 고양시에 다수의 AP가 분포하는 것으로 나타났다. 한편 수도권을 제외한 지역에서는 경남 창원시와 광주광역시 북구, 전북 전주시와 같은 지방 거점 도시들에 집중하여 분포하고 있다. 반면 농어촌, 산간 지역의 특성을 주로 보이는 군 지역은 도시 지역에 비해 대부분 AP가 적게 설치된 것으로 나타났다. 특히 경상도 내륙(영양군, 봉화군 등)과 전

남 남부 지역(진도군, 강진군 등)이 매우 적은 AP가 분포함을 알 수 있다. 와이파이 AP는 무선 인터넷 서비스를 위한 인프라로 간주할 수 있는데, 이러한 무선 인프라 분포의 지역적 차이는 결국 와이파이를 통한 무선 인터넷 서비스가 지역적으로 균등하지 않게 제공되고 있음을 의미한다. 〈표 3-2〉에서처럼 행정구역별로 도시 지역과 농촌 지역을 구분해 살펴보면(시·구: 도시 지역, 군: 농촌 지역) 이와 같은 무선 인프라의 지역적 격차는 더욱 두드러진다. 2011년 기준 전국 230개 시군구 중 도시 지역은 62.6%에 해당하는 144개의 시·구 지역으로, 도시 지역의 면적은 전국의 약 42.6%(43,007.89km^2)를 차지하고 있다. 국토의 절반이 안 되는 도시 지역에 분포하는 AP가 전체 AP의 약 93.4%(269,466)를 차지하며, 100m의 서비스 커버리지를 기준으로 했을 때 해당 지역의 AP가 커버하는 비율 역시 도시 지역(3.1%)과 농촌 지역(0.3%)의 차이가 매우 큼을 알 수 있다.

앞서 살펴본 와이파이 AP 분포는 각 지역의 인구 규모가 감안되지 않았기 때문에 실제 수요에 따른 와이파이 접근성을 살펴보기에는 제한적이다. 수요에 따른 와이파이의 실제적인 접근성을 분석하기 위해 인구 대비 AP 개수의 공간적 분포를 살펴보았다. 2010년 센서스 인구를 기준으로 분석한 결과, 전국적으로 1만 명당 약 60개의 AP가 설치된 것으로 나타났다. 인구 대비 AP 개수에서도 지역별 격차가 나타나고 있는데, 이는 앞서 분석한 AP 개수의 집계와는 다소 다른 패턴을 보인다(〈그림 3-5〉). AP의 절대적 수는 서울을 포함한 수도권에 집중된 반면에, 인구 대비 AP는 전국적으로 비교적 고르게 나타나고 지방 중점 도시에 두드러진 패턴을 보인다. 인구당 AP 개수의 상위 10개 시군구를 살펴보면(〈표 3-3〉) 주로 해당 도시의 도심이 포함되어 있는데 이는 상주 인구가 적고 상업, 업무 기능이 탁월한

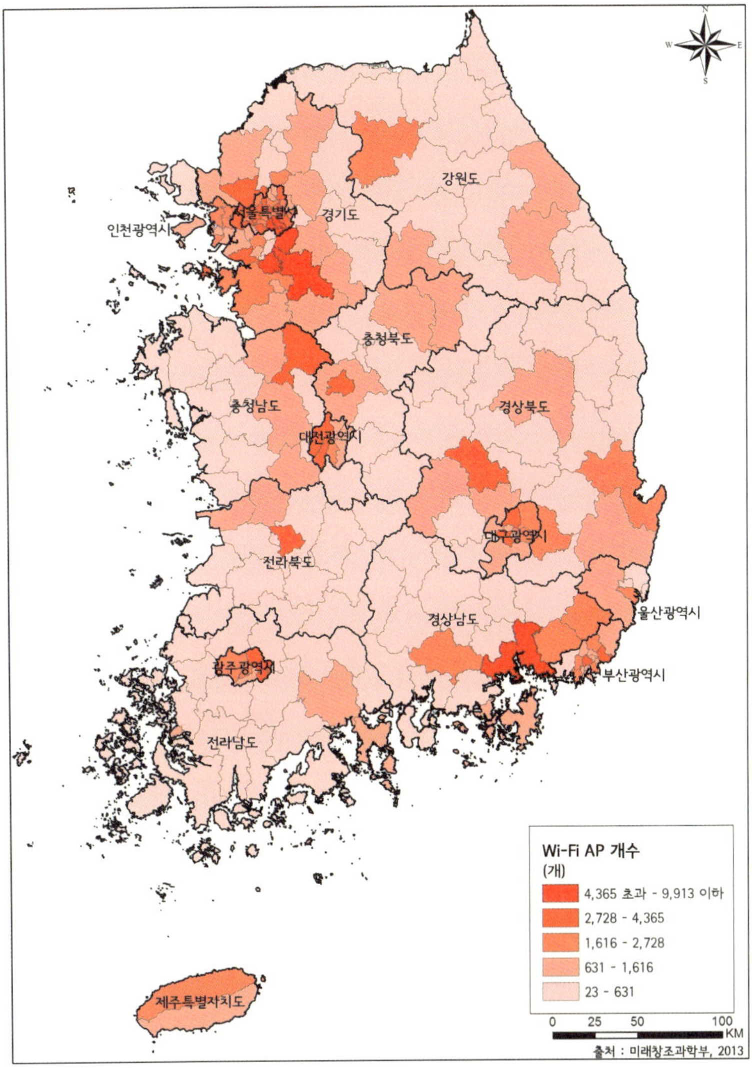

〈그림 3-5〉 시군구별 인구 대비 와이파이 AP 분포

〈표 3-3〉 인구 1만 명당 AP 개수 상하위 10개 시군구

상위 10개			하위 10개		
순위	시군구	AP 개수	순위	시군구	AP 개수
1	대구광역시 중구	328.20	1	경상북도 봉화군	10.66
2	서울특별시 중구	311.63	2	경상남도 합천군	11.16
3	광주광역시 동구	280.56	3	경상북도 영양군	14.42
4	서울특별시 종로구	256.13	4	인천광역시 동구	14.86
5	강원도 정선군	231.75	5	경상북도 의성군	15.47
6	전라북도 무주군	199.73	6	전라남도 강진군	15.88
7	부산광역시 중구	198.95	7	경상남도 의령군	17.58
8	서울특별시 강남구	197.55	8	강원도 철원군	18.01
9	강원도 평창군	167.38	9	전라남도 신안군	18.01
10	충청북도 음성군	163.09	10	전라남도 진도군	19.03

도심의 특성이 반영된 결과로 해석할 수 있다(홍일영, 2010; 이건학, 2012a; 이건학·김감영, 2013). 도시 지역이 아니지만 강원 정선, 평창, 전북 무주 등 유명 리조트가 다수 위치한 지역도 인구당 AP가 많이 분포하는 것으로 나타났으며, 충북 음성은 이례적으로 높은 수치를 보이고 있다. 인구당 AP 개수의 하위 10개 시군구는 AP 개수의 분포와 크게 다르지 않으며, 인구가 적은 경상 내륙, 전남 도서, 강원 산간 지역들이 낮은 수치를 보였다. 이들 지역은 실제 거주 인구도 적으면서 와이파이 AP 역시 적게 설치된 지역으로 이해할 수 있다.

2) 통신사별 와이파이 분포

국내 통신 서비스는 이동통신 3사로 불리는 KT와 SKT, LGT가 과점적으로 공급하고 있다. 무선 인터넷의 일종인 와이파이 역시 이동통신 3사를 통해 대부분 공급되고 있으며 각 통신사는 경쟁적으로

서비스를 제공하고 있다. 국내 통신 시장의 50%를 차지하고 있는 KT의 경우, 2002년부터 유료 무선 인터넷 서비스 Nespot을 제공하다가 2009년 스마트폰 보급과 더불어 무료 Wi-Fi 서비스인 'olleh WiFi zone'을 신설하였고, 카페 등에서 이용 가능한 기가 와이파이를 상용 보급하는 등 적극적인 정책을 수행하고 있다. SKT 역시 자사 브랜드를 활용하여 'T-WiFi Zone' 서비스를 구축하였다. LGT의 경우 업계의 후발 주자로 현재 'LG U+ Zone' 서비스를 통해 100Mbps의 인터넷 서비스를 제공하고 있다. 한편 이들 상업적 이동통신사가 아닌 정부 및 지자체에서 운영하는 공공 와이파이 서비스는 2012년부터 이동통신 3사의 협조를 통해 주민 센터, 복지시설, 공원, 전통시장 등 국민들이 자주 이용하는 공공장소에서 누구나 무료로 이용이 가능하도록 제공되고 있다.

각 이동통신사는 와이파이 서비스가 무료로 제공됨을 강조하고 있으나, 해당 통신사의 이용자에 한해 배타적으로 제공하고 있으며, 와이파이 서비스 비용이 전체 통신 요금에 포함되어 있기 때문에 누구나 무료로 이용이 가능한 공공 와이파이와는 차이가 있다. 따라서 전체적인 와이파이 분포보다 이동통신사의 상업적 와이파이와 공공 와이파이를 개별적으로 살펴보는 것이 보다 와이파이 접근성을 현실적으로 고찰하는 데 유용할 것이다. 여기에서는 이동통신사별 와이파이 AP와 공공 와이파이 AP의 공간적 특성과 지역적 격차를 비교하여 살펴본다.

(1) KT 와이파이

KT의 경우 2012년 기준 130,600개의 AP를 운용하며, 시군구별

〈표 3-4〉 KT AP의 상하위 10개 시군구 (개, %)

상위 10개			하위 10개		
순위	시군구	AP 개수	순위	시군구	AP 개수
1	서울특별시 강남구	4,451(3.41)	1	경상북도 영양군	23(0.02)
2	경기도 수원시	3,446(2.64)	2	전라북도 진안군	30(0.02)
3	경기도 성남시	3,174(2.43)	3	경상북도 봉화군	31(0.02)
4	경상남도 창원시	2,454(1.88)	4	경상북도 울릉군	31(0.02)
5	서울특별시 서초구	2,431(1.86)	5	경상북도 군위군	33(0.03)
6	경기도 용인시	2,232(1.71)	6	충청남도 청양군	34(0.03)
7	경기도 부천시	2,047(1.57)	7	경상남도 하동군	36(0.03)
8	서울특별시 송파구	1,892(1.45)	8	경상남도 합천군	39(0.03)
9	서울특별시 영등포구	1,871(1.43)	9	전라북도 장수군	39(0.03)
10	경기도 안산시	1,858(1.42)	10	강원도 양구군	40(0.03)

로 평균 567.8개가 분포한다. KT의 AP 최대 집중지는 서울특별시 강남구로 KT 전체 AP의 약 3.4%에 달하는 4,451개가 분포하며, 이는 강남구 AP의 약 45%를 차지한다(〈표 3-4〉). 와이파이 시장의 절반 이상을 차지하는 기업이기 때문에, AP의 분포가 전체 AP 분포와 유사한 패턴을 보인다. 전체 AP 분포와 비교했을 때(〈표 3-1〉), 수도권 집중이 보다 두드러짐을 알 수 있으며 주로 한강 이남 지역에 집중적으로 AP가 설치된 것을 알 수 있다.

(2) SKT 와이파이

SKT는 2012년 기준 123,652개의 AP를 운용하며, 시군구별로 평균 537.6개의 AP가 설치되었다. KT와 마찬가지로 서울특별시 강남구에 가장 많은 AP가 분포하였으며, SKT 전체 AP의 약 3.6%에 달하는 4,407개가 설치되었다(〈표 3-5〉). 이는 강남구 전체 AP의 약

〈표 3-5〉 SKT AP의 상하위 10개 시군구 (개, %)

상위 10개			하위 10개		
순위	시군구	AP 개수	순위	시군구	AP 개수.
1	서울특별시 강남구	4,407(3.56)	1	경상북도 영양군	0(0.00)
2	경기도 용인시	2,368(1.92)	2	전라남도 신안군	0(0.00)
3	경기도 고양시	2,258(1.83)	3	인천광역시 옹진군	0(0.00)
4	서울특별시 관악구	2,223(1.80)	4	경상북도 봉화군	1(0.00)
5	서울특별시 영등포구	2,134(1.73)	5	전라북도 장수군	1(0.00)
6	대구광역시 달서구	2,096(1.70)	6	경상남도 의령군	1(0.00)
7	서울특별시 강서구	2,009(1.62)	7	전라남도 강진군	2(0.00)
8	서울특별시 서초구	1,946(1.57)	8	전라남도 진도군	2(0.00)
9	경기도 성남시	1,889(1.53)	9	강원도 화천군	3(0.00)
10	광주광역시 동구	1,805(1.46)	10	전라북도 임실군	3(0.00)

44%를 차지하며, KT와 함께 강남구 와이파이 AP의 약 89%를 차지한다. SKT는 KT와 비교했을 때, 대도시에 집중적으로 투자하는 성향은 비슷하나, 보다 전국적인 행보를 보이고 있다. 서울의 경우, 관악구와 강서구 등 중심지가 아닌 지역에 대한 투자가 이뤄지고 있으며, 대구 달서구, 광주 동구 등 지방 거점 도시에 대한 투자도 이뤄지는 것을 알 수 있다. 하지만 KT에 비해 낙후 지역에 대한 투자는 상대적으로 저조한 것으로 나타났다.

(3) LGT 와이파이

LGT는 2012년 기준 다른 두 회사에 비해 적은 30,100개의 AP를 운용하며, 시군구별로 평균 130.9개가 분포하였다(〈표 3-6〉). LGT의 AP 분포는 수도권보다 경남에 집중적으로 이뤄지고 있다. 진주, 창원, 부산, 울산으로 이어지는 남동 해안 도시를 따라 집중적으로 AP

〈표 3-6〉 LGT AP의 상하위 10개 시군구 (개, %)

상위 10개			하위 10개		
순위	시군구	AP 개수	순위	시군구	AP 개수
1	경상남도 창원시	1,865(6.20)	1	경상북도 울릉군	0(0.00)
2	경상남도 진주시	1,058(3.51)	2	강원도 화천군	0(0.00)
3	서울특별시 강남구	1,001(3.33)	3	경상북도 봉화군	0(0.00)
4	경상북도 구미시	687(2.28)	4	경상남도 의령군	0(0.00)
5	광주광역시 북구	666(2.21)	5	경상북도 영양군	0(0.00)
6	부산특별시 부산진구	576(1.91)	6	전라남도 신안군	0(0.00)
7	서울특별시 서초구	507(1.68)	7	인천광역시 옹진군	0(0.00)
8	울산광역시 남구	505(1.68)	8	강원도 양구군	1(0.00)
9	대구광역시 수성구	486(1.61)	9	전라북도 진안군	1(0.00)
10	서울특별시 마포구	428(1.42)	10	경상남도 하동군	1(0.00)

가 설치되었으며, 대구, 구미로 이어지는 대구권에도 집중적으로 분포하였다.

(4) 공공 와이파이

공공 와이파이는 2012년부터 4,247개의 시범 AP를 설치하면서 시작되었고, 2014년에 서울시와 미래창조과학부가 협력하여 구축한 '전국 공공 와이파이 지도(https://mapsengine.google.com/map)'를 통해 그 위치를 탐색할 수 있다(〈그림 3-6〉). 2012년 기준 공공 와이파이 AP의 상하위 10개 시군구의 분포는 〈표 3-7〉과 같다. 전체적으로 서울 지역에 많은 공공 와이파이가 설치되어 있지만, 강남구에 집중적으로 AP를 설치한 상업적 이동통신사와는 달리 동대문구, 노원구, 마포구, 강서구와 같이 도심, 부도심이 아닌 지역에서의 집중이 눈에 띄며, 도시 지역 외 강원도 정선군과 같은 농촌 지역에 가장 많은

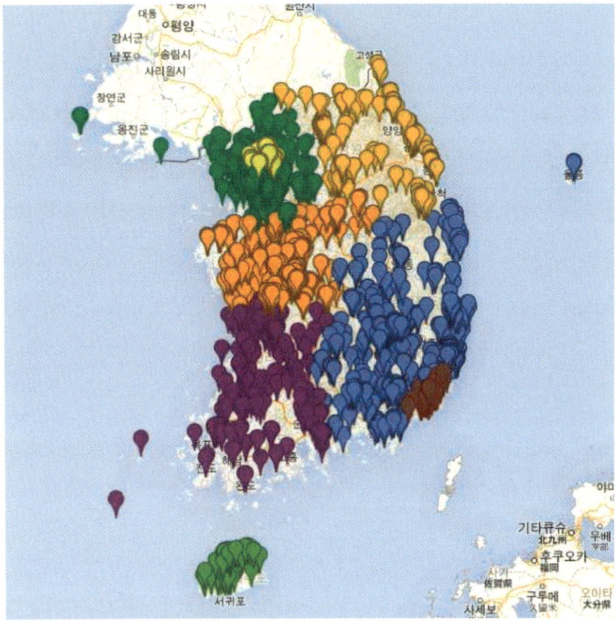

〈그림 3-6〉 2014년 전국 공공 와이파이 AP 분포

〈표 3-7〉 공공 와이파이 AP의 상하위 10개 시군구 (개, %)

상위 10개			하위 10개		
순위	시군구	AP 개수	순위	시군구	AP 개수
1	강원도 정선군	659(15.52)	1	경상북도 울릉군	0(0.00)
2	서울특별시 동대문구	417(9.82)	2	경상북도 봉화군	0(0.00)
3	경기도 화성시	136(3.20)	3	경상북도 영양군	0(0.00)
4	경상남도 하동군	124(2.92)	4	경기도 연천군	0(0.00)
5	경기도 성남시	114(2.68)	5	강원도 철원군	0(0.00)
6	서울특별시 서초구	99(2.33)	6	전라남도 장흥군	0(0.00)
7	서울특별시 노원구	91(2.14)	7	충청북도 증평군	0(0.00)
8	서울특별시 마포구	86(2.02)	8	인천광역시 동구	0(0.00)
9	서울특별시 강서구	77(1.81)	9	충청남도 계룡시	0(0.00)
10	부산광역시 해운대구	71(1.67)	10	전라남도 무안군	0(0.00)

AP가 분포하고 있다는 점이 특징이다. 이는 무선 인터넷 소외 지역을 대상으로 와이파이 접근성의 지역적 격차를 해소하고자 하는 공공 와이파이의 설치 목적에 부합한 결과다. 하지만 하위 10개 시군구에서 볼 수 있듯이 상업적 이동통신사들의 투자가 적은 와이파이 취약 지역들이 공공 와이파이에서도 여전히 취약 지역으로 나타난다. 이러한 와이파이 취약 지역들은 상업적 이윤을 추구하는 이동통신사의 자발적 투자를 기대하기 어려우며, 공공 와이파이와 같이 지역적 형평성에 기반한 공공 영역에서의 관심과 투자가 선행적으로 필요하다.

(5) 운영 주체별 와이파이 AP 분포 종합 비교

각 통신사 및 공공 와이파이 AP의 분포에 대한 일반적인 현황을 비교하면 〈표 3-8〉과 같다. KT와 SKT는 비슷한 규모로 와이파이를 설치하였으며, 두 회사의 AP는 전체 AP의 89%에 달한다. 반면 LGT는 전체 AP의 10% 정도를 차지하고 있으며, 가장 작은 비중을 차지하는 공공 와이파이의 설치 비율은 약 1.5%이다. KT와 SKT 모두 서울의 강남구에 가장 많은 AP를 설치하였으며 LGT는 경남 창원, 정부 및 지자체는 강원 정선군에 가장 많은 AP를 설치하였다.

〈표 3-8〉 와이파이 운영 주체별 AP 분포 통계 (개, %)

운영 주체	AP 개수	평균	중위수	표준편차	최대 AP 개수(지역)
KT	130,600(45.25)	567.83	309	643.56	4,451(서울 강남구)
SKT	123,652(42.85)	537.62	327	637.90	4,407(서울 강남구)
LGT	30,100(10.43)	130.87	72	192.82	1,865(경남 창원시)
공공	4,247(1.47)	18.47	8	53.86	659(강원 정선군)

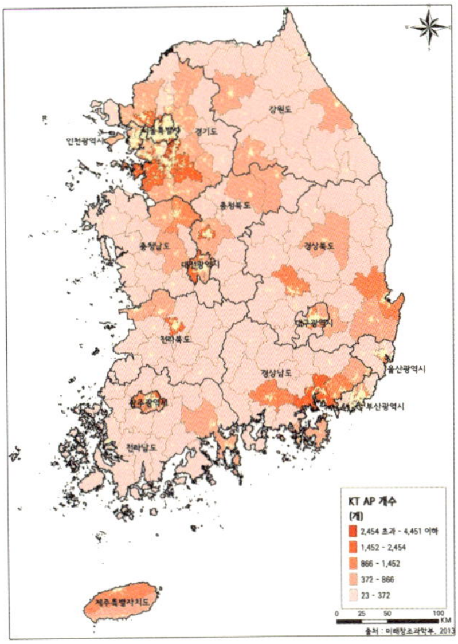

〈그림 3-7〉 KT 와이파이 AP 분포

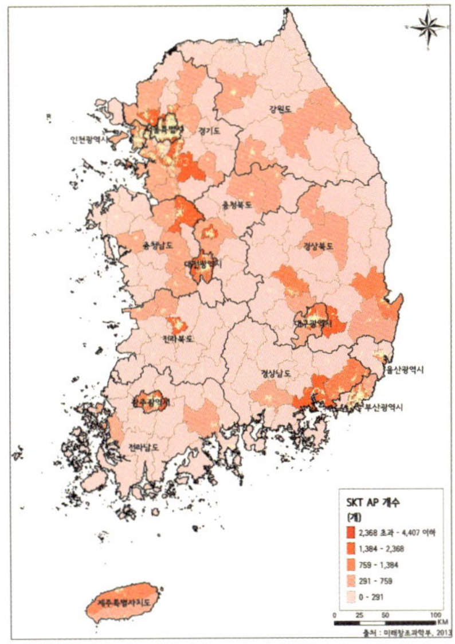

〈그림 3-8〉 SKT 와이파이 AP 분포

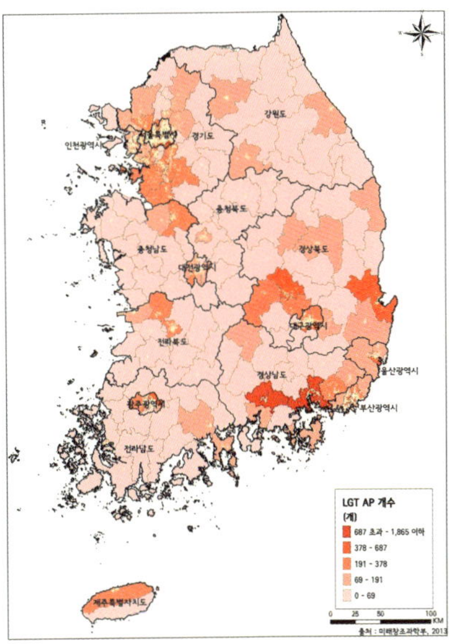

〈그림 3-9〉 LGT 와이파이 AP 분포

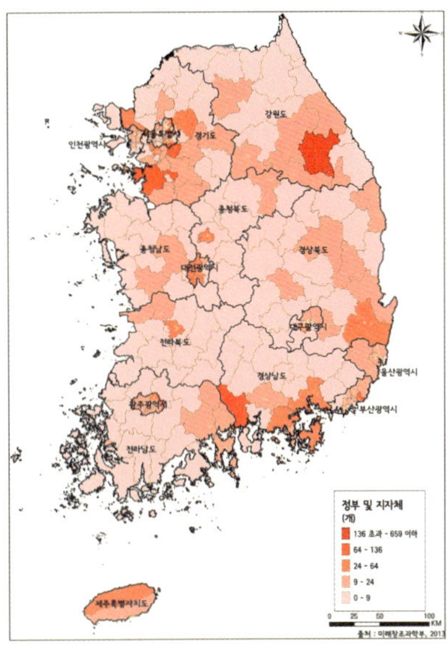

〈그림 3-10〉 공공 와이파이 AP 분포

한편 운영 주체별 와이파이 AP의 공간적 분포를 살펴보면(〈그림 3-7~3-10〉) 국내 최대 통신사인 KT의 경우, 전국적으로 가장 많은 AP를 보유하고 있으나, 수도권을 중심으로 집중적으로 투자하는 패턴을 보인다. 반면 SKT는 다른 통신사들에 비해 전국 대도시에 균등하게 높은 집중도를 보이며, LGT는 지역적으로 경남 동남 해안을 중심으로 와이파이 서비스를 제공하는 것으로 나타났다. 공공 와이파이의 경우, 2012년 시범 지역을 중심으로 분포하고 있는 특징을 보이나, 〈그림 3-6〉과 같이 2014년에는 전국적으로 고르게 분포하여 공공 와이파이의 공익성이 좀 더 실현되고 있음을 알 수 있다.

3) 와이파이의 공간 클러스터 분석

지금까지는 와이파이 AP의 공간적 분포를 시각적으로 탐색하였다. 여기에서는 공간 통계 기법을 이용하여 보다 유의미한 공간적 패턴을 분석하고자 한다. 공간 현상의 패턴은 일반적으로 특정한 장소에 집중적으로 클러스터(군집)되어 있거나 규칙적인 패턴을 보이거나 그렇지 않으면 특정한 패턴을 가지지 않고 임의적인 형태를 가질 수 있다. 이러한 공간 패턴은 대상이 되는 공간적 객체나 사건들(예: 범죄 발생 지점) 간의 공간적 이격(spatial separation)을 임의적 공간 과정(random spatial process)과 비교하여 통계적으로 검증할 수 있다. 행정구역과 같은 면형의 공간 단위에 집계된 속성의 경우는 속성값의 유사성이 공간적으로 상관되어 있는지를 통계적으로 검증할 수 있다. 이러한 속성값의 공간적 연관성(spatial association)을 공간 통계에서는 공간적 자기상관(spatial autocorrelation)이라 일컫는다. 공간적 자기상관은 대상이 되는 공간적 객체 또는 공간 단위의 위치와 속성값의 유사성을 의미한다. 즉 이웃한 지역들이 유사한 속성값을 갖거나 완전히 다른 값을 갖게 되면 공간적 자기상관이 존재한다고 볼 수 있다. 전자를 정적인 공간적 자기상관(positive spatial autocorrelation), 후자를 부적인 공간적 자기상관(negtive spatial autocorrelation)이라 부른다. 정적인 공간적 자기상관이 강한 경우 클러스터 패턴(cluster pattern)을 보이며, 부적인 공간적 자기상관이 강한 경우 규칙적인 패턴(dispersed pattern)으로 인식할 수 있다. 대부분의 공간적 현상은 서로 상관되어 있으며, 서로 가까운 거리에 있을수록 관련성이 더욱 높다. 이러한 공간 데이터의 특성을 Waldo Tobler는 지리학의 제1법칙(first law of geography)이라 하였다. 일반 통계에서는 표본 속성값이 서로 독립적이라는 가정을 하는데 공간적 자기상관이 발생할 경우 이러한 가정을 위배하게 되고 통계적 결과를 신뢰할 수 없게 되므로 결과의 해석에 주의를 기울여야 한다. 이러한 공간적 자기상관을 측정하는 방법은 여러 가지가 있으나, 본 연구에서는 Moran's *I*(Moran, 1950)를 활용하여 전역적인 공간적 자기상관을 살펴보고, LISA(local index of spatial association)(Anselin, 1995)와 Getis-Ord's G_i^* (Getis and Ord, 1992; Ord and Getis, 1995) 지수를 이용하여 국지적인 공간 클러스터를 탐색할 것이다.

(1) 전역적인 공간적 자기상관

Moran's *I*는 관측치 전체에 대한 전역적인 공간적 자기상관을 측정할 때 자주 사용되는 지수로 이웃한 지역의 속성값 평균과의 분산을 통해 공간적 자기상관을 검증한다. Pearson 상관계수와 유사한 형태를 가지며 이웃한 지역은 공간가중행렬(spatial weight matrix)을 통해 정의된다. 수식은 다음과 같다.

$$Moran's\, I = \frac{\sum_i \sum_j w_{ij}(y_i - \bar{y})(y_j - \bar{y}) / \sum_i \sum_j w_{ij}}{\sum_i (y_i - \bar{y})^2 / n}$$

Moran's I는 Pearson 상관계수처럼 -1~1의 범위를 가지며, 1에 가까울수록 정적인 자기상관(이웃한 공간 객체들이 유사한 속성값을 가짐), -1에 가까울수록 부적인 자기상관(이웃한 공간 객체들이 상이한 속성값을 가짐)이 존재하는 것으로 간주한다. 0은 공간적 자기상관이 존재하지 않고 공간 현상이 임의적임을 의미한다.

〈그림 3-2〉의 시군구별 와이파이 AP의 공간적 분포에 대한 Moran's I 값은 0.6558(Z=12.212, p=0.0000)로 통계적으로 유의미한 강한 정적인 자기상관을 보인다. 즉 앞서 시각적으로 탐색한 수도권, 대도시권 지역에서의 와이파이 AP의 집중적 분포는 통계적으로도 유의미한 공간 클러스터 패턴으로 인식할 수 있다.

(2) 국지적인 공간적 자기상관

Moran's I가 관측치 전체에 대한 전역적인 공간적 자기상관 측정치라면 LISA나 Getis-Ord's G_i^* 통계는 국지적인 공간 클러스터를 탐색하는 데 유용한 지표라 할 수 있다. 국지적 지표는 개별 관측치가 공간적 자기상관 측정값을 가진다는 점에서 전역적 지표와 차이가 난다. 다양한 국지적 측정치가 존재하는데 이 중 LISA는 Moran's I의 국지적 버전(Local Moran's I)이라 할 수 있으며, 각 관측치별로 공간적 자기상관 측정값을 도출한다. LISA의 수식은 다음과 같다.

$$I_i = \frac{n\sum_i\sum_j w_{ij}(y_i - \bar{y})\sum_j(y_j - \bar{y})}{\sum_i(y_i - \bar{y})^2/n}, (단 i \neq j)$$

한편 Getis-Ord's G_i^* 역시 개별 관측치에 대해 국지적인 공간적 자기상관을 측정하지만 이웃들의 평균값과의 편차를 고려하는 LISA와 달리 이웃 관측치 자체의 공간적 상관성을 고려한다는 점에서 차이가 있다. Getis-Ord's G_i^*의 수식은 다음과 같다.

$$G_i^* = \frac{\sum_j w_{ij}y_j}{\sum_j y_j}$$

〈그림 3-11〉과 〈그림 3-12〉는 각각 와이파이 AP의 LISA, Getis-Ord's G_i^*를 보여 준다. LISA 지도에서 강한 정적인(+) 공간적 자기상관을 보이는 지역은 HH(High-High)와 LL(Low-Low)로 표시되어 있는데, HH는 자기 지역의 값이 높으면서 동시에 이웃 지역의 값도 높은 클러스터를 의미하며, LL은 자기 지역의 값이 낮으면서 동시에 이웃 지역의 값도 낮은 클러스터를 의미한다. 두 유형 모두 공간적으로 인접하면서 유사한 값을 가지는 국지적 군집으로 해석할 수 있다. 높은 값의 자기 지역과 낮은 값의 이웃 지역들이 분포하는 HL(High-Low)과 낮은 값의 자기 지역과 높은 값의 이웃 지역들이 분포하는 LH(Low-High) 유형은 부적인(-) 공간적 자기상관을 보이는 지역으로 속성값의 변이가 규칙적인 공간 패턴을 나타낸다. 전체적으로 총 네 개의 클러스터가 눈에 띄는데, 서울을 비롯한 경기 이남 지역은 AP가 집중적으로 분포하는 국지적 클러스터로 탐지되었고, 경북 봉화군, 경남 함양군과 전북 장수군 지역, 전남 완도군 일대는 적은 수의

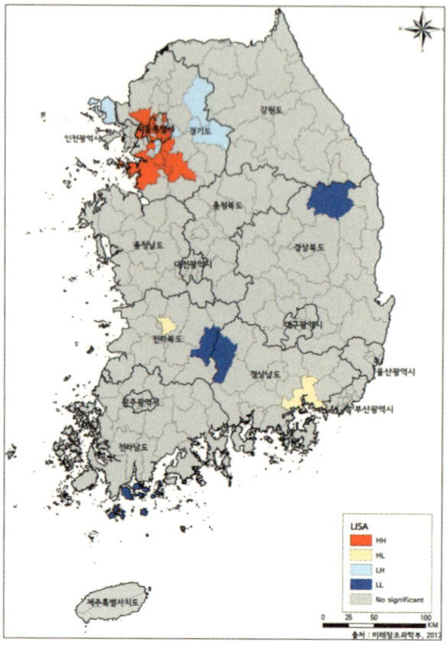

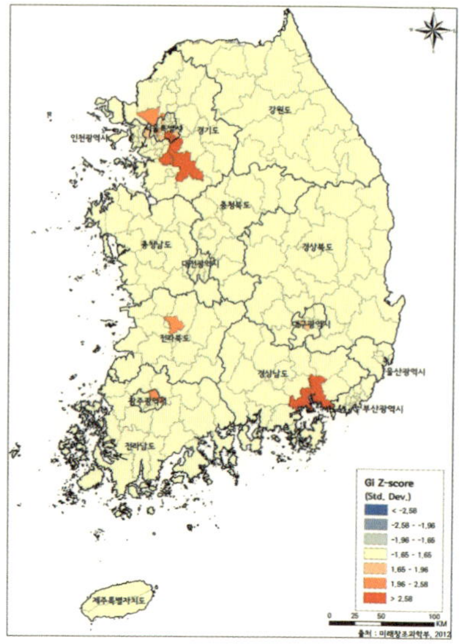

〈그림 3-11〉 와이파이 AP 클러스터(I_i) 〈그림 3-12〉 와이파이 AP 클러스터(G_i^*)

AP가 분포하는 AP 취약지 클러스터로 나타났다. 한편 인천 강화군과 경기도 양평군과 가평군은 AP가 적게 설치되어 있지만 주변 지역들은 상대적으로 많은 AP가 설치되었다고 할 수 있다. 반대로 경남 창원과 전북 전주는 AP가 집중되어 있지만 AP가 적은 취약지들에 둘러싸인 특이 지역으로 파악되었다.

국지적 G_i^*값은 LISA와 다소 상이한 결과를 보인다. 서울의 일부 자치구와 경기도 이남 지역은 LISA와 마찬가지로 국지적 클러스터를 형성하고 있지만, 경남 창원과 전북 전주 등은 LISA에서는 규칙적인 패턴으로 탐지된 반면에 G_i^* 결과에서는 AP가 집중적으로 분포하는 클러스터로 나타났다. 또한 경북 봉화군, 경남 함양군과 전북 장수군 지역과 같은 통계적으로 유의미한 AP 취약지 클러스터들은 G_i^*에서는 탐지되지 않았다. 공간 클러스터 탐지에서 이러한 지수별 차이는 수식에서 볼 수 있는 것처럼 국지적으로 참고하는 이웃의 속성값 정의와 관련될 수 있다.

2. 미시적 스케일의 와이파이 공간 분포 특성

지금까지는 전국 스케일에서 와이파이 AP의 공간적 특성 현황에 대해서 살펴보았는데, 여기에서는 서울특별시를 비롯하여 6대 광역시의 와이파이 AP 분포를 보다 미시적 스케일에서 분석한다. 이를 위해 각 도시의 와이파이 분포 특성을 세부적으로 살펴보고, 와이파이 커버리지를 보다 구체적으로 분석하였다. 와이파이 커버리지 분석에서는 와이파이 서비스의 물리적 도달 범위를 100m로 가정하였을 때 서비스를 받을 수 있는 공간적 범위를 정량적으로 살펴보았으며, 개별 AP의 성능이나 건물 구조 및 내벽 자재 등 국지적 무선 환경에 따른 신호 감쇄 현상(signal attenuation)과 같은 매우 상세한 조건들은 커버리지 분석의 목적상 고려하지 않았다.

〈그림 3-13~3-19〉는 서울특별시 및 6대 광역시의 와이파이 분포와 커버리지를 지도화한 것이다. 시각적으로도 확인할 수 있듯이 대부분의 광역시에서는 도시 내 산지나 녹지, 하천 등 인구가 많이 거주하지 않은 공간을 제외하고 건물들이 주로 위치한, 즉 인구가 상주 또는 활동하는 공간에 AP들이 분포함을 알 수 있다(대규모 산업 공단 건물들이 위치한 지역 제외). 또한 커버리지가 겹쳐진(짙은 음영) 도시 내 도심이나 부도심 지역, 거주 밀집 지역들에 AP가 집중적으로 분포함을 알 수 있다.

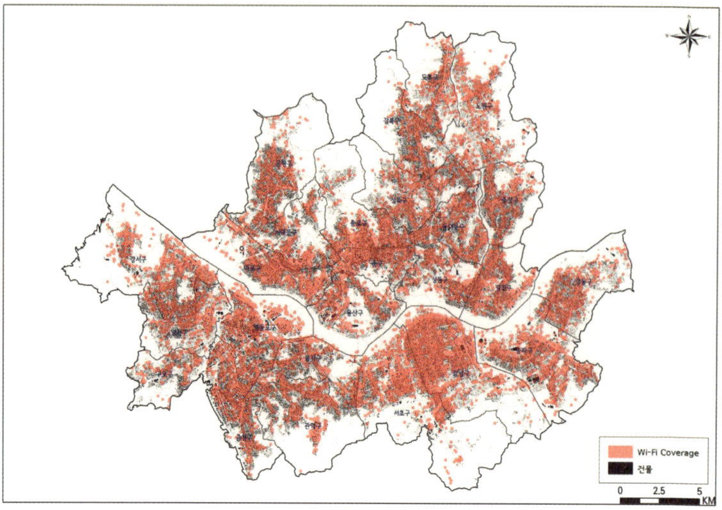

〈그림 3-13〉 서울특별시 와이파이 커버리지

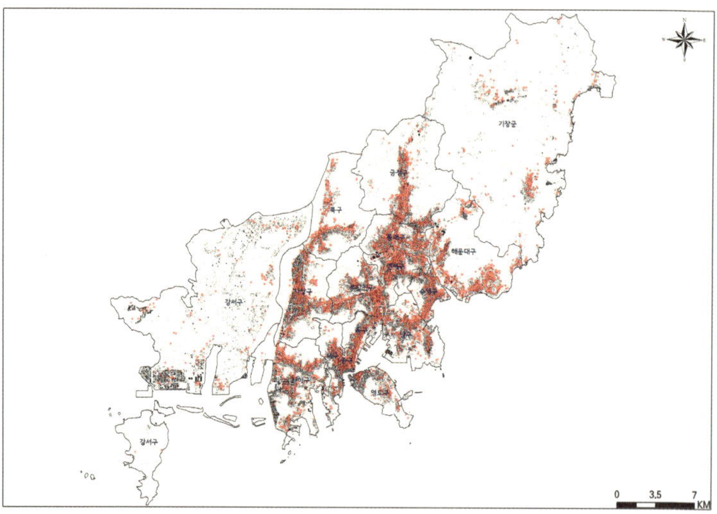

〈그림 3-14〉 부산광역시 와이파이 커버리지

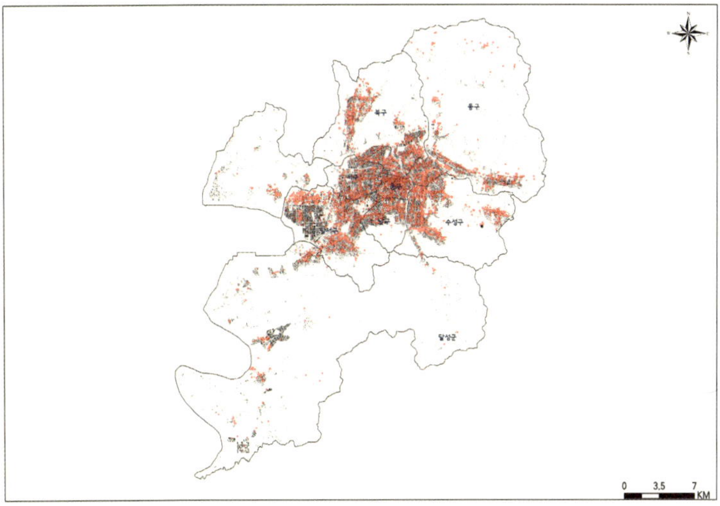

〈그림 3-15〉 대구광역시 와이파이 커버리지

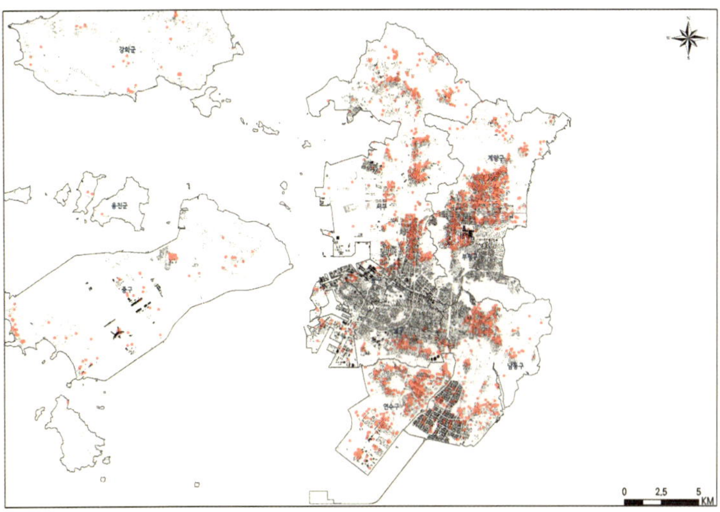

〈그림 3-16〉 인천광역시 와이파이 커버리지

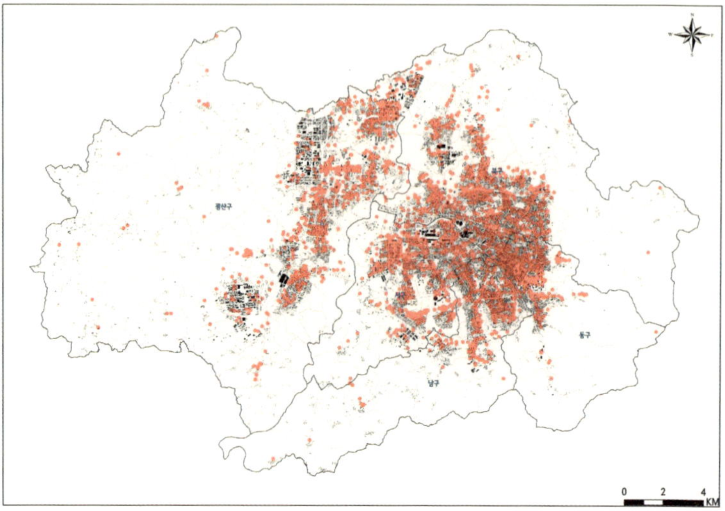

〈그림 3-17〉 광주광역시 와이파이 커버리지

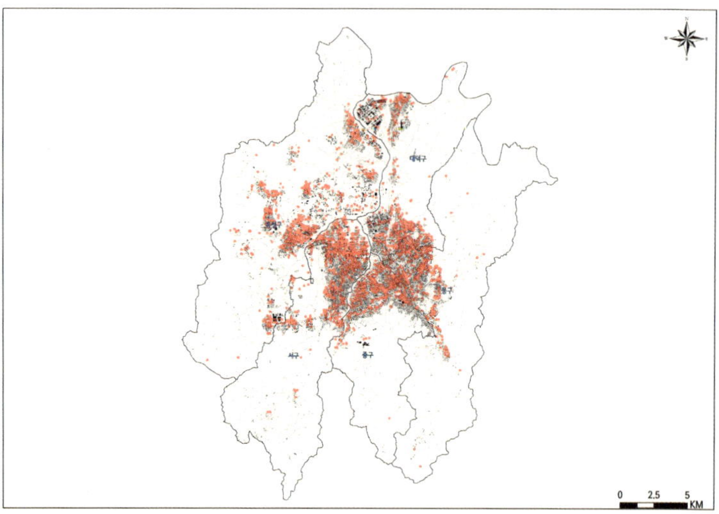

〈그림 3-18〉 대전광역시 와이파이 커버리지

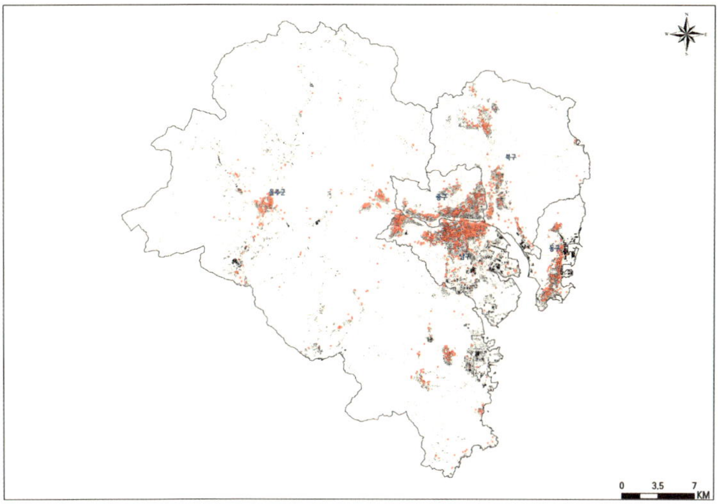

〈그림 3-19〉 울산광역시 와이파이 커버리지

〈표 3-9〉 서울특별시 및 6대 광역시의 와이파이 분포와 커버리지

구분	총인구 (명)	총면적 (km^2)	와이파이 개수		1만 명당 와이파이 개수		와이파이 커버리지 면적		커버리지 비율	
			개수 (개)	순위	개수 (개)	순위	면적 (km^2)	순위	비율 (%)	순위
서울특별시	9,160,381	606.82	76,719	1	83.75	2	231.31	1	38.12	1
부산광역시	3,244,862	776.92	24,576	2	75.74	4	90.49	2	11.65	3
인천광역시	2,483,104	1094.99	12,199	5	49.13	6	66.33	4	6.06	6
대구광역시	2,309,881	880.93	16,835	3	72.88	5	76.20	3	8.65	5
대전광역시	1,404,031	539.83	11,255	6	80.16	3	51.57	6	9.55	4
광주광역시	1,378,925	498.99	13,174	4	95.54	1	59.25	5	11.87	2
울산광역시	1,006,943	1068.71	4,901	7	48.67	7	34.28	7	3.21	7

도시별로 와이파이 분포를 살펴보면(〈표 3-9〉), 서울에 가장 많은 76,719개의 AP가 설치되어 있으며, 이어 부산, 대구, 광주, 인천, 대전, 울산의 순서로 그 뒤를 따른다. 반면 인구 대비 와이파이 개수는 광주가 95.5개로 가장 많으며, 서울, 대전, 부산, 대구, 인천, 울산의 순서로 나타나 광주나 대전의 경우 절대적인 AP 수는 적지만, 인구 규모를 감안했을 때에는 다른 광역시들에 비해 나은 무선 인프라 환경을 갖추고 있음을 알 수 있다. 한편 절대적인 와이파이 커버리지의 면적은 서울이 가장 높고 다음으로 부산, 대구, 인천, 광주, 대전, 울산의 순서로 나타났다. 하지만 이 역시 각 도시의 전체 면적을 고려했을 때에는 서울, 광주, 부산, 대전, 대구, 인천, 울산의 순서로 나타나 광주, 대전이 전체 도시에서 높은 커버리지 비율을 보인다.

3. 와이파이 분포의 인구·사회·경제적 분석

도시 내 와이파이 AP는 도심이나 부도심과 같이 경제 활동이 집중된 곳이나 토지 이용상 주거 용도나 상업 용도지와 같이 인구 밀집 거주지에 집중적으로 분포하고 있다. 이러한 분포 특성은 와이파이 AP의 대부분이 상업적 이동통신사들에 의해서 설치 및 운영되고 있어 상업적 이윤이 창출될 수 있는 수요 분포를 중점적으로 고려하고 있기 때문으로 추정된다. 여기에서는 이러한 일반적인 분포 특성들을 좀 더 세부적으로 분석하기 위해 성별·연령별 인구 구조, 경제 구조 등과 같은 지역적 변인들과의 연관성을 체계적으로 살펴보고자 한다. 이를 위해 먼저 인구, 사회, 경제 분야에서 도시 내 와이파이 AP의 분포에

〈표 3-10〉 인구·사회·경제적 변수 목록

요인	항목	변수명	단위	연도	출 처
인구	인구 구조	인구수	명	2010	통계청 인구총조사 (전수 부문)
		성비		2010	
		6~19세 인구 비율	%	2010	
		20~39세 인구 비율	%	2010	
		40~59세 인구 비율	%	2010	
		60~79세 인구 비율	%	2010	
		80세 이상 인구 비율	%	2010	
		남 6~19세 인구 비율	%	2010	
		남 20~39세 인구 비율	%	2010	
		남 40~59세 인구 비율	%	2010	
		남 60~79세 인구 비율	%	2010	
		남 80세 이상 인구 비율	%	2010	
		여 6~19세 인구 비율	%	2010	
		여 20~39세 인구 비율	%	2010	
		여 40~59세 인구 비율	%	2010	
		여 60~79세 인구 비율	%	2010	
		여 80세 이상 인구 비율	%	2010	
	교육 수준	1,000명당 초졸 인구	명	2010	
		1,000명당 중졸 인구	명	2010	
		1,000명당 고졸 인구	명	2010	
		1,000명당 대졸 인구	명	2010	
		1,000명당 석사 인구	명	2010	
		1,000명당 박사 인구	명	2010	
경제	경제 활동	10,000당 산업 대분류별 종사자 수	명	2010	통계청 경제총조사(지역편) * 9차 표준산업분류 참고 (〈표 3-11〉)
		각 산업 대분류별 사업체 수	개	2010	
		전 산업 매출액 계	억 원	2010	
		전 산업 영업이익 계	억 원	2010	
사회	지역 인프라	지방정부 재정자립도	%	2013	통계청 재정자립도(시군구 통합)
	지역 정보화	아날로그 TV 보유 가구 비율	%	2010	통계청 인구총조사 (주거 실태)
		디지털 TV 보유 가구 비율	%	2010	
		PC 보유 가구 비율	%	2010	
		FAX 보유 가구 비율	%	2010	
		인터넷 가입 가구 비율	%	2010	
		안테나 TV 시청 가구 비율	%	2010	
		케이블 TV 시청 가구 비율	%	2010	
		위성 TV 시청 가구 비율	%	2010	
		인터넷 TV 시청 가구 비율	%	2010	
	토지 이용	주거지역	km^2	2007	환경부 토지피복현황 통계
		상업지역	km^2	2007	
		공업지역	km^2	2007	
		공공지	km^2	2007	
		농지	km^2	2007	
		녹지	km^2	2007	
		수역	km^2	2007	

영향을 미칠 수 있을 거라 판단되는 여러 변수들을 구축하였으며, Pearson 상관 분석을 통해 각 인구·사회·경제적 요인들과 설치된 와이파이 AP 개수와의 상관성을 분석하였다. 또한 각 분야에서 가장 상관성이 높은 변수를 독립변수로 최소자승법(OLS) 회귀 분석을 수행하여 시군구별 와이파이 분포 특성을 살펴보았다. 분석을 위해 사용된 독립변수는 총 83개이며, 각 변수에 대한 설명은 〈표 3-10~3-11〉에 나와 있다. 상관 분석 및 회귀 분석은 R 3.1.0을 통해 실시하였다.

〈표 3-11〉 9차 표준산업분류

대분류 코드	대분류 산업명
A	농업, 임업 및 어업
B	광업
C	제조업
D	전기, 가스, 증기 및 수도사업
E	하수·폐기물 처리, 원료재생 및 환경복원업
F	건설업
G	도매 및 소매업
H	운수업
I	숙박 및 음식점업
J	출판, 영상, 방송통신 및 정보서비스업
K	금융 및 보험업
L	부동산업 및 임대업
M	과학 및 기술 서비스업
N	사업시설관리 및 사업지원 서비스업
O	공공행정, 국방 및 사회보장 행정
P	교육 서비스업
Q	보건 및 사회복지 서비스업
R	예술, 스포츠 및 여가관련 서비스업
S	기타 개인 서비스업

1) 인구적 요인과 와이파이 분포의 상관성

와이파이 분포에 대한 인구적 요인 분석에는 인구 구조와 교육 수준에 따라 살펴보았는데, 인구 구조 변수에는 인구수, 연령별, 성별 인구 비율을 이용하였다. 연령별 인구의 경우 각 세별 연령을 20세 단위로 그룹화하였고, 무선 인터넷 사용이 극히 제한적일 수 있는 0~5세의 인구는 분석에서 제외하였다. 교육 수준별로는 초졸, 중졸, 고졸, 대졸, 석박사 인구 비율을 이용하였다.

성별, 연령별 상관 분석 결과(〈표 3-12〉), 인구수가 가장 상관성이 높은 변수(r=0.85)로 도출되었으며 20~39세의 젊은 연령층 비율과

〈표 3-12〉 성별, 연령별 인구의 상관 분석 결과

변수명	변수 설명	상관계수
인구수	시군구별 인구	0.845578
성비	남성 인구 / 여성 인구 x 100	0.092638
6~19세 인구 비율	6~19세 인구 / 전체 인구 x 100	0.413103
20~39세 인구 비율	20~39세 인구 / 전체 인구 x 100	0.655551
40~59세 인구 비율	40~59세 인구 / 전체 인구 x 100	0.217264
60~79세 인구 비율	60~79세 인구 / 전체 인구 x 100	-0.621700
80세 이상 인구 비율	80세 이상 인구 / 전체 인구 x 100	-0.620810
남 6~19세 인구 비율	남자 6~19세 인구 / 남자 인구 x 100	0.410627
남 20~39세 인구 비율	남자 20~39세 인구 / 남자 인구 x 100	0.604940
남 40~59세 인구 비율	남자 40~59세 인구 / 남자 인구 x 100	-0.003860
남 60~79세 인구 비율	남자 60~79세 인구 / 남자 인구 x 100	-0.597430
남 80세 이상 인구 비율	남자 80세 이상 인구 / 남자 인구 x 100	-0.597340
여 6~19세 인구 비율	여자 6~19세 인구 / 여자 인구 x 100	0.402539
여 20~39세 인구 비율	여자 20~39세 인구 / 여자 인구 x 100	0.691048
여 40~59세 인구 비율	여자 40~59세 인구 / 여자 인구 x 100	0.339788
여 60~79세 인구 비율	여자 60~79세 인구 / 여자 인구 x 100	-0.641180
여 80세 이상 인구 비율	여자 80세 이상 인구 / 여자 인구 x 100	-0.636960

AP 개수는 정적(+)인 상관이 있는 반면, 60세 이상의 고령층은 부적(-)으로 상관되어 있는 것으로 나타났다. 이러한 연령별 인구와 AP 개수 간의 상관성은 성별 인구에서도 유사하게 나타났으며, 특히 젊은 여성(20~39세)의 비율이 높은 지역일수록 AP 개수가 많음을 알 수 있다.

지역의 교육 수준과 와이파이 AP 분포의 상관 결과는 〈표 3-13〉에서 나타나듯이 대졸 인구 비율이 와이파이 AP와 가장 높은 상관성을 보이고 있으며, 전체적으로 고학력의 인구가 많이 거주하는 곳일수록 와이파이 AP 개수가 많다는 것을 알 수 있다. 한편 초졸이나 중졸 인구가 많이 거주하는 곳은 와이파이 AP 개수가 적어 교육 수준별로 무선 인터넷에 대한 접근성의 차이가 날 수 있음을 유추할 수 있다. 〈그림 3-23~3-25〉는 와이파이 AP 개수와 상관성이 높은 인구학적 변수(인구, 20~39세 여자 인구, 대졸 인구)의 시군구별 분포 패턴을 보여 준다.

〈표 3-13〉 교육 수준별 인구의 상관 분석 결과

변수명	변수 설명	상관계수
초졸 인구 비율	초졸 인구 / 전체 인구 x 1,000	-0.675650
중졸 인구 비율	중졸 인구 / 전체 인구 x 1,000	-0.670060
고졸 인구 비율	고졸 인구 / 전체 인구 x 1,000	0.135706
대졸 인구 비율	대졸 인구 / 전체 인구 x 1,000	0.771557
석사 인구 비율	석사 인구 / 전체 인구 x 1,000	0.647691
박사 인구 비율	박사 인구 / 전체 인구 x 1,000	0.635305

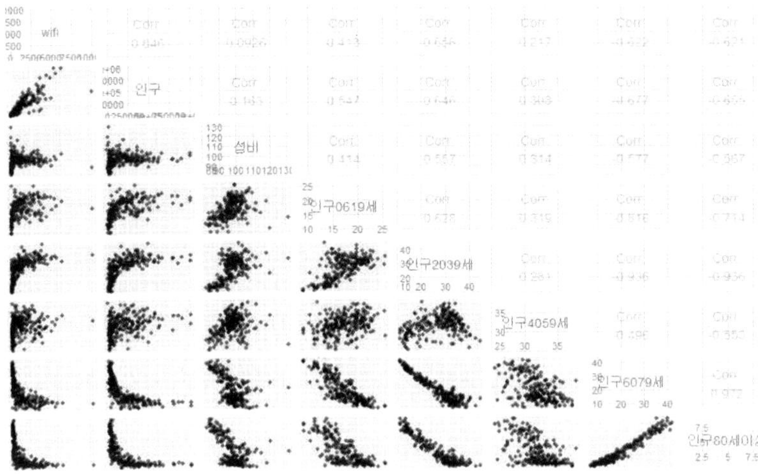

〈그림 3-20〉 인구 구조 변수와 와이파이 AP 개수 상관 관계

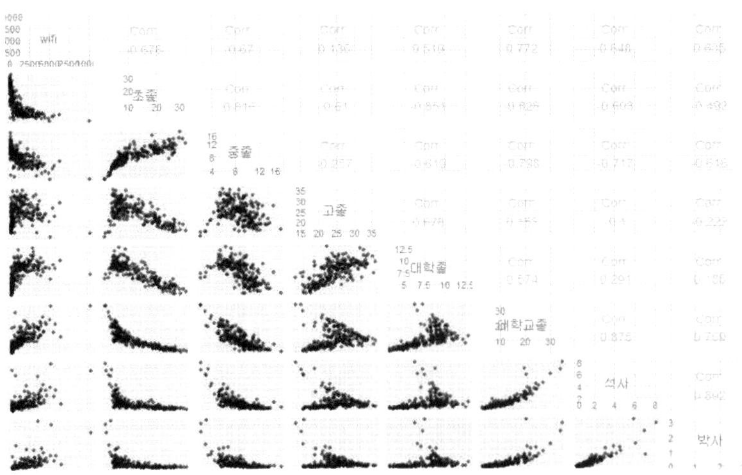

〈그림 3-21〉 교육 수준 변수와 와이파이 AP 개수 상관 관계

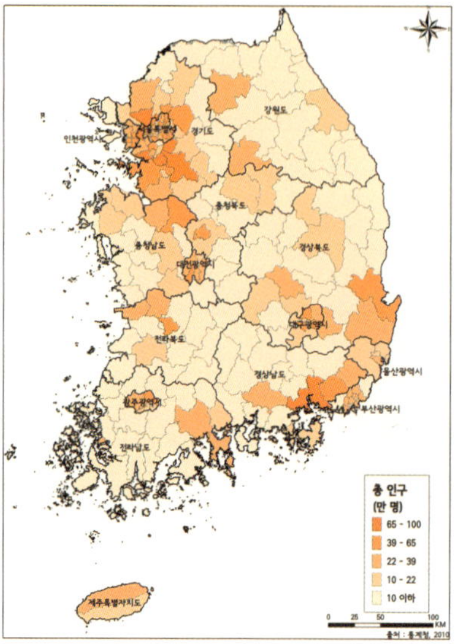

〈그림 3-22〉 시군구별 인구 분포

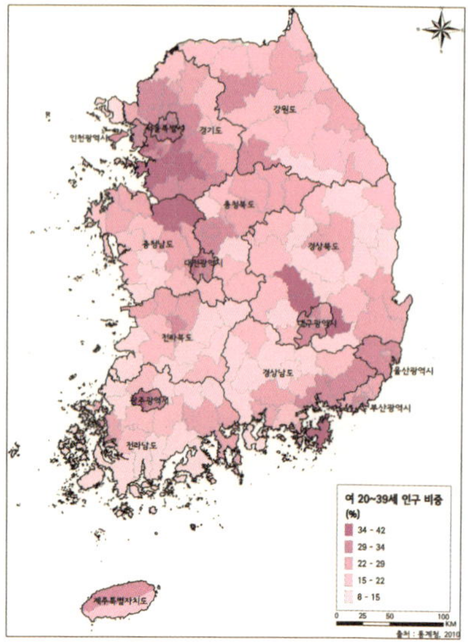

〈그림 3-23〉 시군구별 20~39세 여자 인구 분포

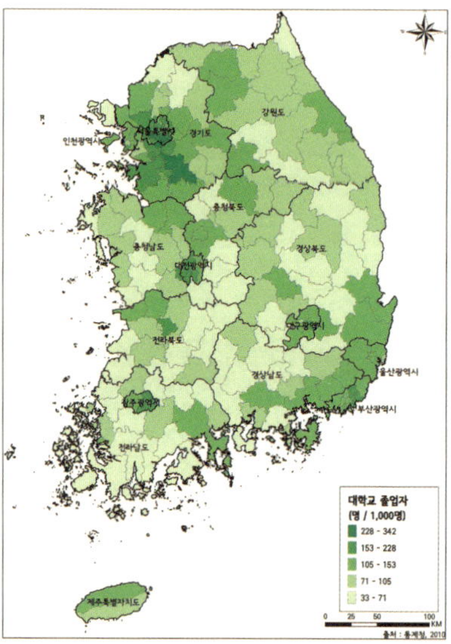

〈그림 3-24〉 시군구별 대졸 인구 분포

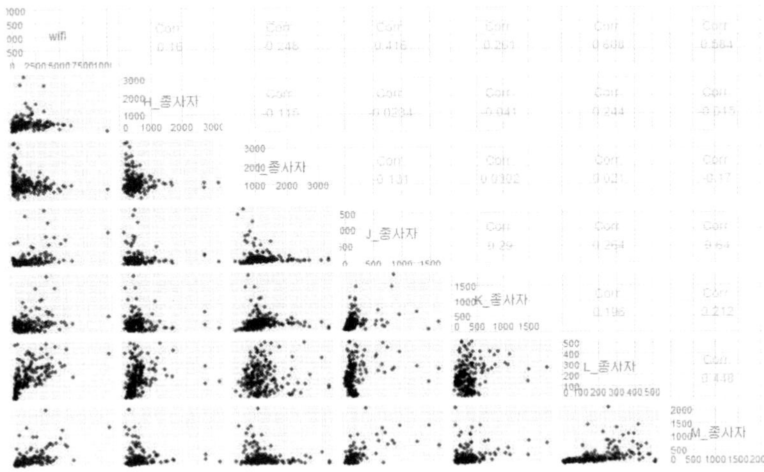

〈그림 3-25〉 산업별 종사자 수와 와이파이 AP 개수 상관 관계

2) 경제적 요인과 와이파이 분포의 상관성

경제적 요인 분석에는 9차 표준산업분류에 따른 대분류 산업별 종사자의 비율, 사업체 수, 전체 산업 매출액, 영업이익 변수를 이용하였다. 산업별 종사자 비율과 와이파이 AP 개수의 상관 분석 결과, 대부분 산업의 종사자 비율이 와이파이 AP 개수와 상관성이 낮으며, 이 중 부동산업 및 임대업(L 산업)에 종사하는 인구 정도가 와이파이 AP 개수와 높은 정적인 상관 관계를 보여 준다(〈표 3-14〉, 〈그림 3-26〉).

〈표 3-14〉 산업별 종사자 수의 상관 분석 결과

변수명	변수 설명	상관계수
A 종사자	A 산업 종사자 / 전체 종사자 x 10,000	-0.419660
B 종사자	B 산업 종사자 / 전체 종사자 x 10,000	-0.132200
C 종사자	C 산업 종사자 / 전체 종사자 x 10,000	-0.136060
D 종사자	D 산업 종사자 / 전체 종사자 x 10,000	-0.190430
E 종사자	E 산업 종사자 / 전체 종사자 x 10,000	-0.391270
F 종사자	F 산업 종사자 / 전체 종사자 x 10,000	-0.039150
G 종사자	G 산업 종사자 / 전체 종사자 x 10,000	0.253403
H 종사자	H 산업 종사자 / 전체 종사자 x 10,000	0.159693
I 종사자	I 산업 종사자 / 전체 종사자 x 10,000	-0.247920
J 종사자	J 산업 종사자 / 전체 종사자 x 10,000	0.415814
K 종사자	K 산업 종사자 / 전체 종사자 x 10,000	0.261285
L 종사자	L 산업 종사자 / 전체 종사자 x 10,000	0.607854
M 종사자	M 산업 종사자 / 전체 종사자 x 10,000	0.584173
N 종사자	N 산업 종사자 / 전체 종사자 x 10,000	0.596588
O 종사자	O 산업 종사자 / 전체 종사자 x 10,000	-0.513620
P 종사자	P 산업 종사자 / 전체 종사자 x 10,000	0.081914
Q 종사자	Q 산업 종사자 / 전체 종사자 x 10,000	-0.157970
R 종사자	R 산업 종사자 / 전체 종사자 x 10,000	-0.059520
S 종사자	S 산업 종사자 / 전체 종사자 x 10,000	-0.209830

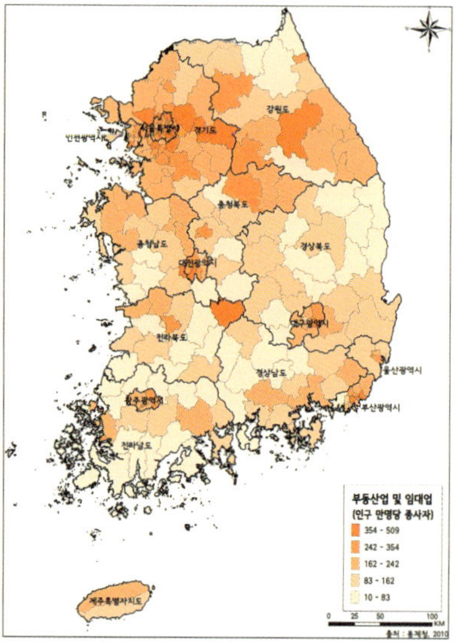

〈그림 3-26〉 시군구별 부동산 및 임대업 종사자 분포

〈표 3-15〉 산업별 사업체 수의 상관 분석 결과

변수명	변수 설명	상관계수
A 사업체	A 산업 사업체 개수	-0.095740
B 사업체	B 산업 사업체 개수	-0.081220
C 사업체	C 산업 사업체 개수	0.514685
D 사업체	D 산업 사업체 개수	0.181086
E 사업체	E 산업 사업체 개수	0.389373
F 사업체	F 산업 사업체 개수	0.861680
G 사업체	G 산업 사업체 개수	0.819479
H 사업체	H 산업 사업체 개수	0.777758
I 사업체	I 산업 사업체 개수	0.875239
J 사업체	J 산업 사업체 개수	0.682192
K 사업체	K 산업 사업체 개수	0.865208
L 사업체	L 산업 사업체 개수	0.897370
M 사업체	M 산업 사업체 개수	0.804545
N 사업체	N 산업 사업체 개수	0.866338
O 사업체	O 산업 사업체 개수	0.517066
P 사업체	P 산업 사업체 개수	0.863262
Q 사업체	Q 산업 사업체 개수	0.905541
R 사업체	R 산업 사업체 개수	0.881010
S 사업체	S 산업 사업체 개수	0.860302
매출액 계	전 산업 매출액	0.665656
영업이익 계	전 산업 영업이익	0.626287

한편 각 산업별 사업체 수의 지역적 분포와 와이파이 AP 분포의 상관성을 살펴보면(〈표 3-15〉), 대부분의 3차 산업이 와이파이 개수와 상관성이 있는 것으로 나타났다. 하지만 정보통신산업(J 산업)과 행정 서비스업(O 산업)은 상대적으로 상관 관계가 약했다. 2차 산업 중에는 건설업(F 산업)만 상관성이 유의미한 것으로 나타났다. 한편 지역의 경제 규모를 보여 주는 전 산업 매출액과 영업이익 역시 일정 수준의 상관성을 보인다. 와이파이 개수와 상관성이 유의한 산업(건설업, 도소매업, 운수업, 숙박 및 음식점업, 금융 및 보험업, 부동산업 및 임대업, 과학 및 기술서비스업, 사업시설관리 및 기술서비스업, 교육 서비스업, 보건 및 사회복지 서비스업, 예술, 스포츠 및 여가 관련 서비스업, 기타 개인서비스업)의 시도별 사업체 수 분포는 〈그림 3-27~3-38〉에 나타나 있다.

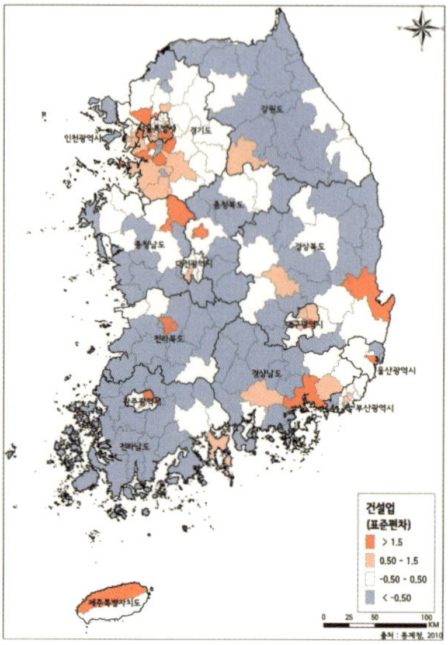

〈그림 3-27〉 F(건설업) 사업체 분포

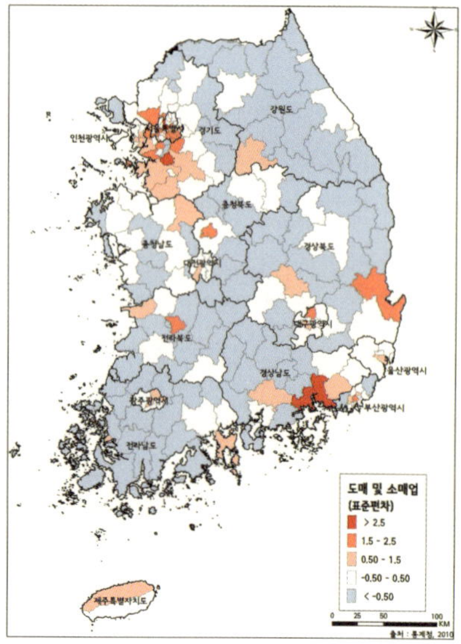

〈그림 3-28〉 G(도소매업) 사업체 분포

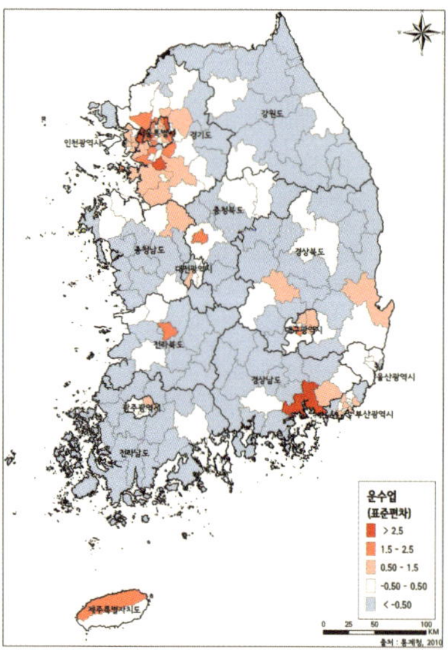

〈그림 3-29〉 H(운수업) 사업체 분포

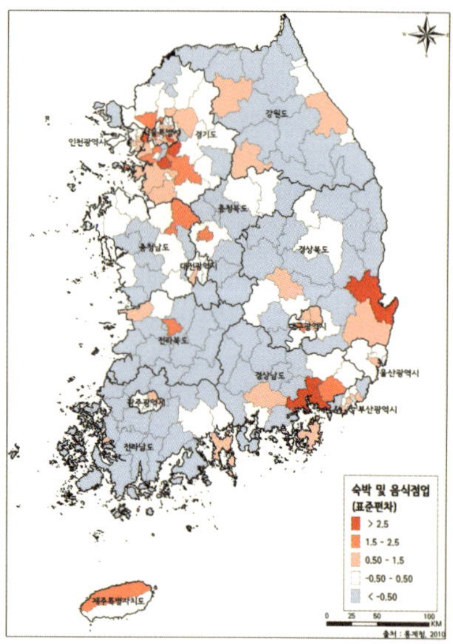

〈그림 3-30〉 I(숙박 및 음식점업) 사업체 분포

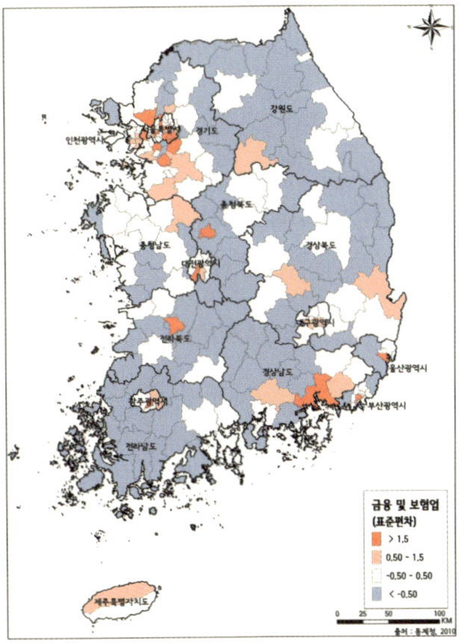

〈그림 3-31〉 K(금융 및 보험업) 사업체 분포

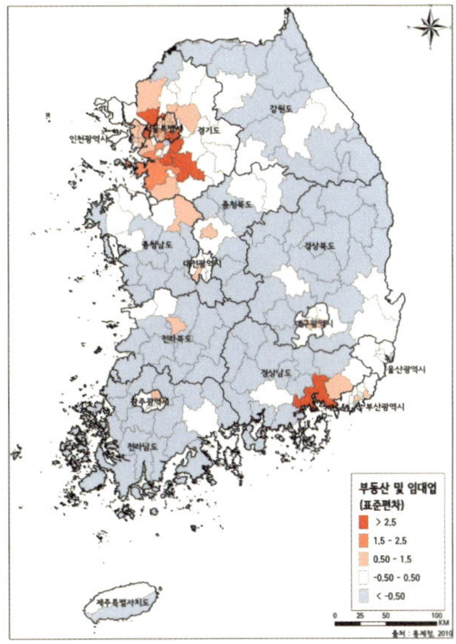

〈그림 3-32〉 L(부동산업 및 임대업) 사업체 분포

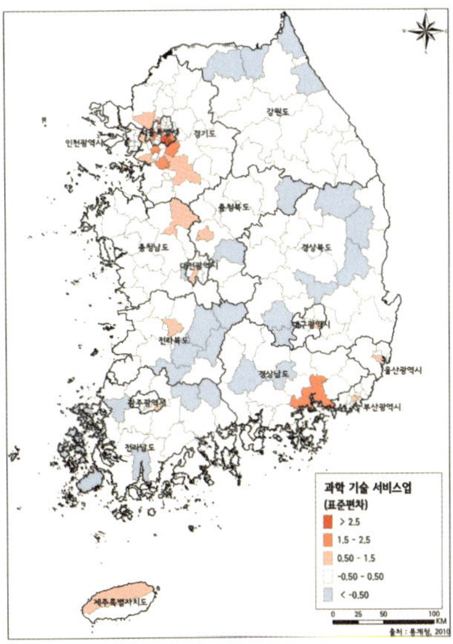

〈그림 3-33〉 M(과학 및 기술서비스업) 사업체 분포

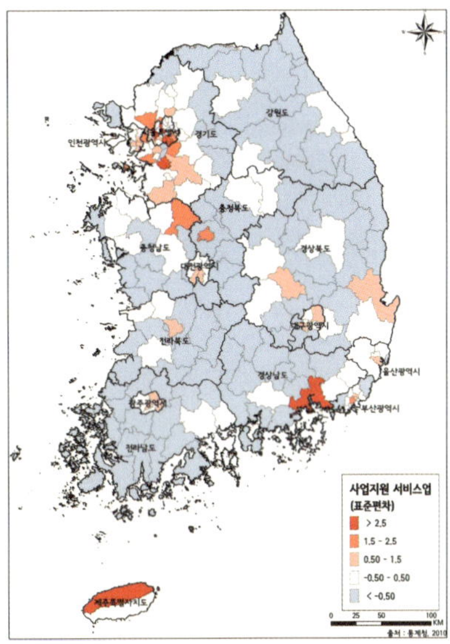

〈그림 3-34〉 N(사업시설관리 및 기술서비스업) 사업체 분포

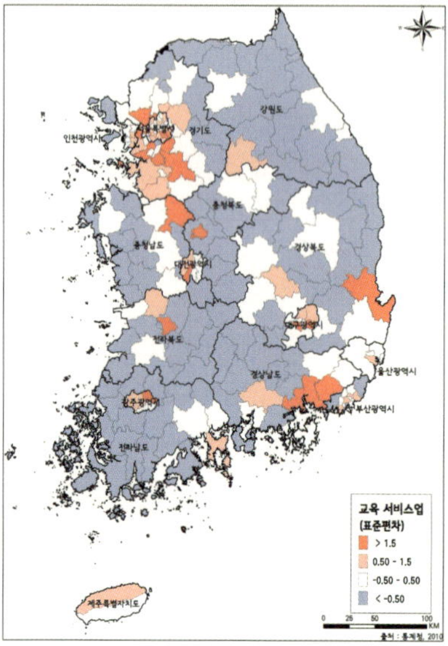

〈그림 3-35〉 P(교육 서비스업) 사업체 분포

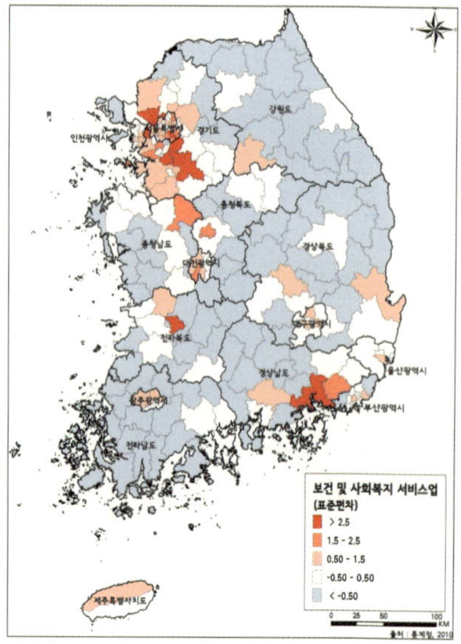

〈그림 3-36〉 Q(보건 및 사회복지서비스업) 사업체 분포

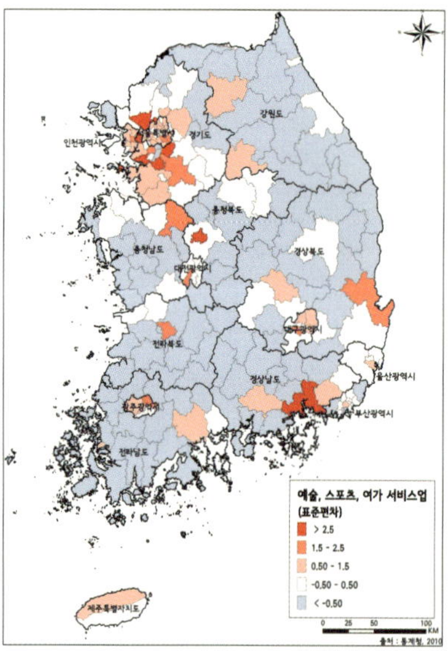

〈그림 3-37〉 R(스포츠 및 여가 서비스업) 사업체 분포

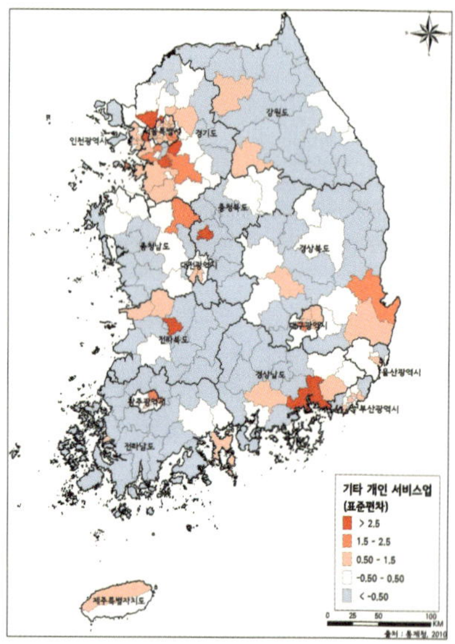

〈그림 3-38〉 S(기타 개인 서비스업) 사업체 분포

3) 사회적 요인과 와이파이 분포의 상관성

사회적 요인의 상관 분석에는 지역 인프라, 지역 정보화, 토지 이용 측면을 고려하였다. 지역 인프라는 지방 정부의 재정자립도를 대리 변수로 설정하여 지역 인프라 구축의 잠재성을 고려하였고, 지역 정보화 측면에는 인터넷, TV 등의 정보화 기기의 보급률과 관련된 변수들을 이용하였다. 또한 주거, 상업, 공업, 공공지 등 지역의 토지 이용과 와이파이 AP 분포와의 상관성을 살펴보았다. 사회적 요인은

〈표 3-16〉 사회적 요인의 상관 분석 결과

변수명	변수 설명	상관계수
아날로그TV 보유 가구 비율	아날로그TV 보유 가구 / 정보통신기기 보유 가구	-0.642500
디지털 TV 보유 가구 비율	디지털TV 보유 가구 / 정보통신기기 보유 가구	0.580191
PC 보유 가구 비율	PC 보유 가구 / 정보통신기기 보유 가구	-0.550890
FAX 보유 가구 비율	FAX 보유 가구 / 정보통신기기 보유 가구	0.678805
인터넷 가입 가구 비율	인터넷 가구 / 정보통신기기 보유 가구	0.665724
안테나 TV 시청 가구 비율	안테나TV 시청 가구 / 정보통신기기 보유 가구	-0.207520
케이블 TV 시청 가구 비율	케이블 TV 보유 가구 / 정보통신기기 보유 가구	0.319670
위성 TV 시청 가구 비율	위성TV 보유 가구 / 정보통신기기 보유 가구	-0.527730
인터넷 TV 시청 가구 비율	IPTV 보유 가구 / 정보통신기기 보유 가구	0.506731
2013년 재정자립도	(지방세+세외수입) x 100 / 일반회계 예산 규모	0.669137
주거지역	주거지역 면적	0.158215
상업지역	상업지역 면적	0.607168
공업지역	공업지역 면적	0.191809
공공지	공공지역 면적(문화체육휴양지, 교통지역, 공공시설지)	0.295072
농지	농업지역 면적	-0.363440
녹지	산림지역 면적	-0.396510
수역	수역 면적(내륙수, 해양수)	-0.270330
기타	미분류 지역 면적 계	-0.082170
면적	시군구 면적	-0.414730

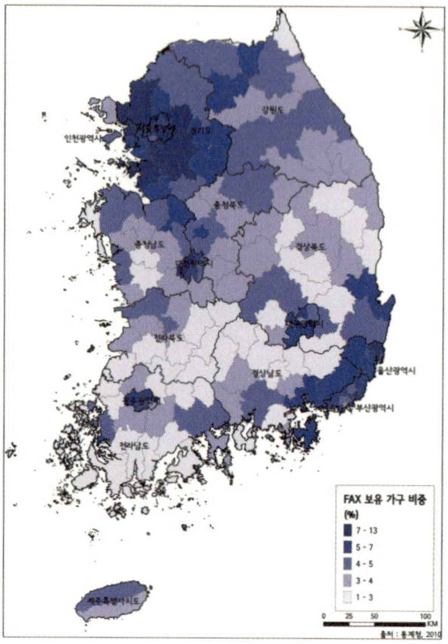

〈그림 3-39〉 시군구별 FAX 보유 가구

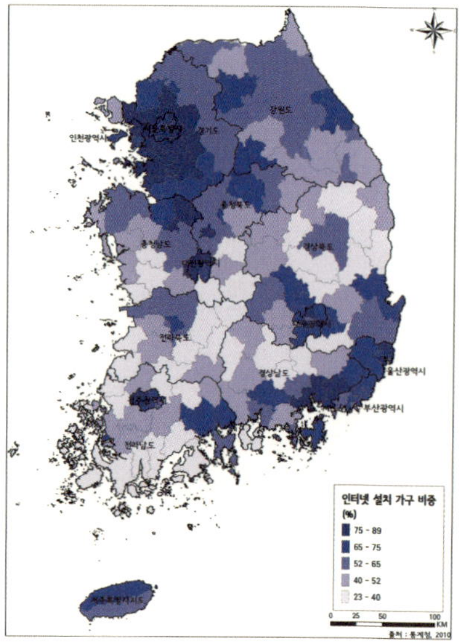

〈그림 3-40〉 시군구별 인터넷 가입 가구

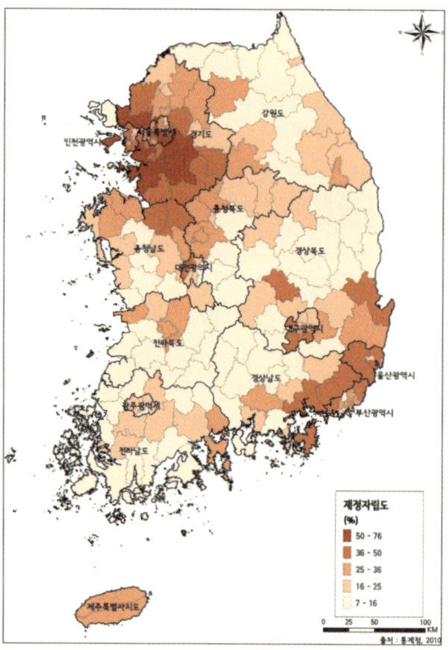

〈그림 3-41〉 시군구별 재정자립도

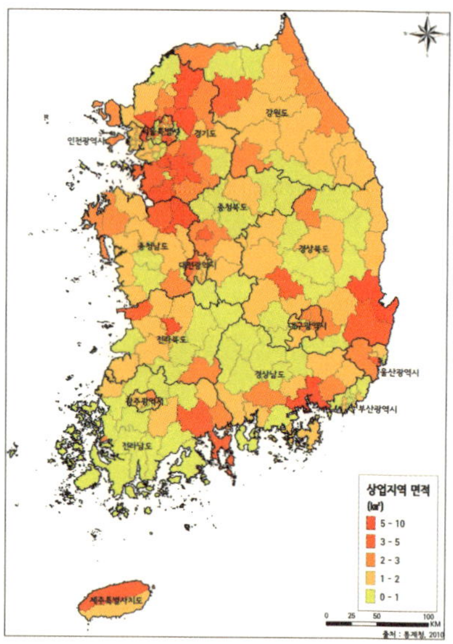

〈그림 3-42〉 시군구별 상업지역 면적 분포

앞선 인구 요인이나 경제적 요인에 비해 상대적으로 상관성이 낮았으나, FAX 보유율, 인터넷 가입률, 재정자립도, 상업지역 면적 등은 비교적 높은 정적인 상관성을 보였다(〈표 3-16〉). 〈그림 3-39~3-42〉는 와이파이 AP 개수와 상관성이 높은 FAX 보유율, 인터넷 보유율, 재정자립도, 상업지역 면적의 시군구별 분포를 보여 준다.

4) 와이파이 AP 분포 회귀 분석

와이파이 AP 분포에 각 요인이 어떻게 영향을 미치는지 살펴보기 위해 회귀 분석을 수행하였다. 이를 위해 상관 분석 결과 요인별로 유의성이 높은 변수 34개 중(r>0.6 이상) 변수 간 상관성이 높은 변수를 제거한 12개 변수에 대해 회귀 분석을 수행하였다. 구체적으로 인구 변수는 20~39세 인구를 제외한 나머지 연령별 인구 변수, 초졸 인구 변수, 그리고 인구 수요에 의존적인 여러 업종별(건설업(F), 교육서비스업(P), 보건 및 사회복지 서비스업(Q), 예술, 스포츠 및 여가 관련 서비스업(R), 부동산업 및 임대업(L), 기타 개인 서비스업(S), 숙박 및 음식점업(I)) 사업체 수와 높은 상관성을 보였고, 20~39세 인구 비율은 다른 성별, 연령별 인구 변수들과 인터넷 가입 인구와 상관성이 높았다. 교육 수준에서 박사 졸업 인구는 대학교 졸업 및 석사 졸업 인구 변수와 상관성이 높은 것으로 나타났다. 매출액의 경우 영업이익과 상관성이 높게 나타났다. 이를 토대로 최종 선정된 12개 독립 변수는 인구, 20~39세 인구 비율, 중학교 졸업 인구 비율, 박사 졸업 인구 비율, 도매 및 소매업 사업체 수(G), 출판, 영상, 방송통신 및 정보서비스업 사업체 수(J), 금융 및 보험업 사업체 수(K), 과학 및 기술 서비스업 사업체 수(M), 매출액, 아날로그 TV 보유 가구 비율, FAX 보유 가구 비율, 재정자립도, 상업지역 비율이다. 이들 12개 독립 변수로 1차 회귀 분석을 수행하였는데, K, M 업종 사업체 수는 분산팽창인자(VIF)가 10을 넘어 다중공선성(multicollinearity)이 의심되기 때문에 M 업종 사업체 수는 최종 분석에서 제외하였다.

〈표 3-17〉은 최종 회귀 분석 결과를 보여 준다. 전체 모델의 적합도(adjusted R^2)는 0.923(F 통계량: 228.295, p=0.000)으로 92.53%의 설명력을 가지는 것으로 나타났으며, 모든 변수들의 분산팽창인자가 10 미만이고, 공차 한계가 0.1보다 커 다중공선성은 문제가 없음을 보여 준다. 유의수준 0.01에서 인구, 20~39세 인구, 박사 졸업 인구, 출판, 영상, 방송통신 및 정보서비스업 사업체 수(J), 금융 및 보험업 사업체 수(K), 지역 전 산업 매출액이 높을수록 AP 개수가 많

〈표 3-17〉 회귀 분석 결과

변수	비표준화 계수		표준화 계수	t	유의확률	공선성 통계량	
	베타	표준오차	베타			공차	VIF
(상수)	909.012	677.571	-	-1.342	0.181	-	-
인구	0.004	0.000	0.533	12.418	0.000	0.184	5.446
20~39세 인구	28.752	6.801	0.160	4.228	0.000	0.236	4.241
중학교 졸업 인구	24.955	23.713	0.041	1.052	0.294	0.220	4.543
박사 졸업 인구	800.353	100.469	0.225	7.966	0.000	0.424	2.356
G 사업체 수	-0.028	0.020	-0.078	-1.450	0.149	0.118	8.501
J 사업체 수	0.835	0.155	0.154	5.390	0.000	0.415	2.410
K 사업체 수	1.911	0.346	0.271	5.523	0.000	0.141	7.117
아날로그TV 보유가구	2.492	7.056	0.017	0.353	0.724	0.144	6.932
FAX 보유 가구	-41.505	32.956	-0.060	-1.259	0.209	0.150	6.649
산업 매출액	0.000	0.000	0.112	2.590	0.010	0.182	5.481
재정자립도	-8.491	3.721	-0.090	-2.282	0.023	0.217	4.606
상업지역 면적	26.099	23.519	0.029	1.110	0.268	0.497	2.011

은 것으로 나타났다. 인구 규모가 크고, 인터넷 수요가 높은 젊은 연령층이나 고학력 인구 비율이 높으며, 산업 매출액의 규모가 큰 지역은 주로 도시권에 해당하며, 정보통신 관련 업체와 금융과 같은 사업자 서비스업이 많은 곳은 도시 내 업무 기능이 활성화된 도심 지역에 해당한다. 따라서 이러한 결과는 선행 연구나 앞서 살펴본 와이파이 AP 분포 특성처럼 거시적 스케일에서 도시권과 미시적 스케일에서 도시 내 도심 지역을 중심으로 와이파이 AP가 밀집하여 분포하고 있다는 사실을 뒷받침한다. 이 중 인구 규모는 와이파이 분포에 가장 크게 영향을 미치고 있어 와이파이 분포의 지역 간 격차는 1차적으로 지역의 인구 수요에 의해 발생하고 있음을 알 수 있다. 반면 재정자립도, 아날로그TV, FAX, 상업지역 면적은 유의하지 않은 것으로 나타나 지역의 경제 규모나 구식 정보화 기기의 보유, 상업적 토지 이용 면적은 와이파이 분포 패턴을 인과적으로 설명하기에 적합하지 않은 요인들로 나타났다.

4. 신호 강도에 따른 와이파이 접근성 분석

지금까지는 와이파이 AP의 위치에 따른 공간 분포 특성에 대해 살펴보았다. 와이파이 AP 기기의 위치는 신호의 최대 도달 범위에 따른 서비스 커버리지를 결정하기 때문에 와이파이 서비스에 대한 접근성에 매우 중요한 역할을 한다. 하지만 실세계에서 와이파이 신호는 지역에 따라 상이한 국지적 무선 환경이나 채널 간 간섭 효과에 따라 감소하는 경향이 있기 때문에 이론적 커버리지와 반드시 일치하지 않는다(Torrens, 2008). 여기에서는 와이파이의 신호 강도를 실증적으로 조사하여 와이파이 서비스에 대한 실제 접근성이 어떠한지를 살펴보고자 한다.

1) 와이파이 AP 서베이

와이파이 AP는 비콘(beacon)이라 불리는 일정한 간격의 테스트 신호를 통해 AP가 설치된 위치 정보, 통신 서비스 업체, 제조사, 신호 강도, 채널 등의 신호 관련 정보들을 자동으로 송출한다. 이러한 비콘 신호는 도시 내 또는 실내 공간 와이파이 디자인이나 무선 통신 품질 관리 등에 유용하게 활용될 수 있는데, 비콘 신호를 활용한 무선 통신 품질 관리 및 AP 입지 계획을 무선 사이트 서베이(wireless site survey) 또는 스캐닝(wireless scanning)이라 한다(Jackman et al., 2011). 무선 사이트 서베이는 수동으로 할 수도 있으며 시뮬레이션 툴을 이용해 가상의 AP 위치를 가정하여 커버리지, 통신 품질, 입지 조정 등을 자동으로 결정할 수도 있다. Aruba Networks의 Visual RF plan(www.arubanetworks.com), Cisco Systems의 LocationReadiness tool (www.cisco.com), Ekahau의 Ekahau tool(www.ekahau.com) 등이 대표적이다. 수동 무선 사이트 서베이는 대상 지역들을 실제로 돌아다니면서 설치된 AP의 위치와 관련한 무선 신호 정보를 수집하는데, 도로를 이용하는 경우에는 워-워킹(war-walking), 차량을 이용하는 경우에는 워-드라이빙(war-driving)이라 한다(Shipley, 2001). 수동 무선 사이트 서베이는 와이파이 AP의 위치를 탐지할 수 있는 GPS 수신칩이 장착된 노트북, 스마트폰과 같은 모바일 기기와 관련 AP 스캐닝 소프트웨어(예: 넷스텀블러)만 있으면 쉽게 수행할 수 있다.

여기에서는 도시 내 와이파이 접근성을 보다 구체적으로 조사하기 위해 수동 방식의 무선 사이트 서베이를 수행하였다. 조사 대상 지역은 서울의 중구와 동작구로 선정하였다. 선행 연구에서도 밝혔듯이 일반적으로 도시 내 와이파이 분포는 도시의 토지 이용에 영향을 많이 받는데(이건학, 2012a; 2012b), 상업 및 오피스 기능이 우세한 도심 지역이나 아파트, 단독주택 등 주거 기능이 우세한 지역에 와이파이가 밀집해 분포하는 경향이 있다. 이러한 와이파이 분포 특성을 감안하여 도심의 기능이 탁월한 중구와 주거 기능이 탁월한 동작구의와이파이 접근성을 살펴봄으로써 와이파이 AP가 밀집한 지역에서의 신호 강도에 따른 실제적인 와이파이 접근성을 분석할 것이다. 중구의 경우 각종 상업 기능과 대기업 본사가 집중해 있는 대표적인 중심업무지구로 중구의 상업 지역 면적 비율은 중구 전체의 28.15%로 2위인 영등포구에 비해 약 13%p 높아 상업 기능이 탁월한 지역이라 할 수 있다. 반면 동작구는 주거 지역 비중이 동작구 전체의 45%에 달하는 지역으로 전형적인 주거 기능 지역이다.

2) 신호 강도에 따른 와이파이 접근성

와이파이 AP 서베이는 각 대상 지역을 행정동 단위로 도보로 이동하면서 현장 조사하는 방식으로 이루어졌다. 스마트폰과 스마트폰 기반의 'Hotspotting' 어플리케이션(eBeeSoftware, ebeesoftware.android.informer.com)을 이용하여 와이파이 정보를 수집 및 가공하였다. Hotspotting 애플리케이션은 와이파이 AP의 신호 강도를 비롯해 각 AP의 경위도 좌표값, 보안 여부, AP의 MacID, 수집 시점과 AP 위치 간의 거리 등의 정보를 추출해 준다. 수집된 정보는 DB 형태로 저장되며, SQL

데이터 추출 프로그램인 Sqliteman 1.2.2을 활용하여 분석에 필요한 데이터로 전환하였다. 와이파이 AP에서 수집한 데이터 중 신호 강도(dBm)를 와이파이의 실제적인 접근성 척도로 활용하였다. 이때 신호 강도는 대상 지역 전체에 대한 신호 접근성이라기보다 개별 와이파이 AP로부터 송신되는 무선 신호의 세기를 의미한다. 따라서 와이파이 AP를 표본점으로 간주하고 크리깅 내삽법(Kriging interpolation)을 활용하여 전체 지역의 신호 강도를 추정하였다. 이산적으로 분포하는 표본점의 속성값을 기반으로 알려지지 않은 지점들에 대한 속성값을 추정하여 연속면(surface)을 생성하는 방법을 내삽법이라 하는데, 특정 지점의 속성값을 표본점과의 거리 함수를 통해 추정하는 역거리 가중치(IDW), 연속면의 곡률을 최소화하는 수학 함수를 통해 값을 추정하는 스플라인(spline), 좌표값을 포함하는 다중회귀식을 통해 값을 추정하는 경향면 분석(trend analysis) 등 많은 내삽 방법들이 개발되어 왔다. 이 중 크리깅은 표본점들의 공간적 자기상관의 공분산 구조를 이용하여 알려지지 않은 지점의 값을 추정하는 방법으로 여러 분야에서 폭넓게 사용되고 있다. 본 연구에서는 통계적 기반이 비교적 강한 크리깅(정규 크리깅: ordinary Kriging) 방법을 사용하여 대상 지역의 신호 강도 분포를 추정하여 와이파이 접근성을 분석하였다.

중구 지역을 대상으로 와이파이 서베이를 실시한 결과 총 8,413개의 AP가 탐지되었으며, 이들 AP의 신호 강도의 평균은 -78.93dBm이다. dBm(decibel-milliwats)은 무선 신호의 세기를 측정하기 위한 상대적 측정 단위인 dB(decibel)에 특정한 기준값(1mW)을 적용한 단위로 0dBm은 1mW 세기의 전력을 의미한다. 와이파이 신호의 수신 전계강도(received signal strength index: RSSI)는 -90~0dBm의 범위를 가지며 0에 가까울수록 수신 전계강도가 우수함을 의미한다(Scutaru

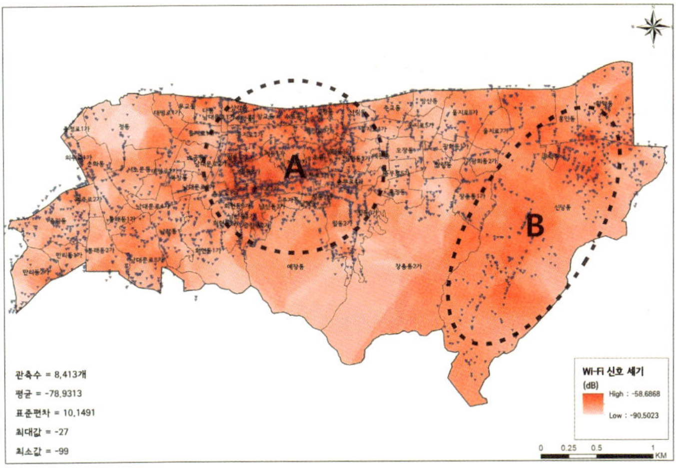

〈그림 3-43〉 신호 강도에 따른 와이파이 접근성(중구)

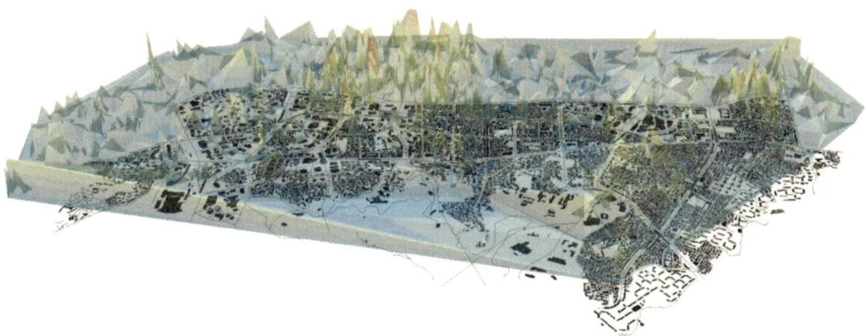

〈그림 3-44〉 신호 강도에 따른 와이파이 접근성의 3차원 표현(중구)

and Ogrutan, 2009; 이건학, 2012a). 〈그림 3-43〉에서처럼 대부분의 지역이 상가, 오피스 등의 상업 업무 건물들이 밀집한 중구의 특성상 남산 지역과 인근 공원 지역을 제외한 대부분의 지역에 AP들이 밀집하였음을 알 수 있으며, 특히 소공동, 명동 일대에 집중이 두드러졌다. 이러한 와이파이 AP의 지리적 집중성과 달리 실제적인 신호 접

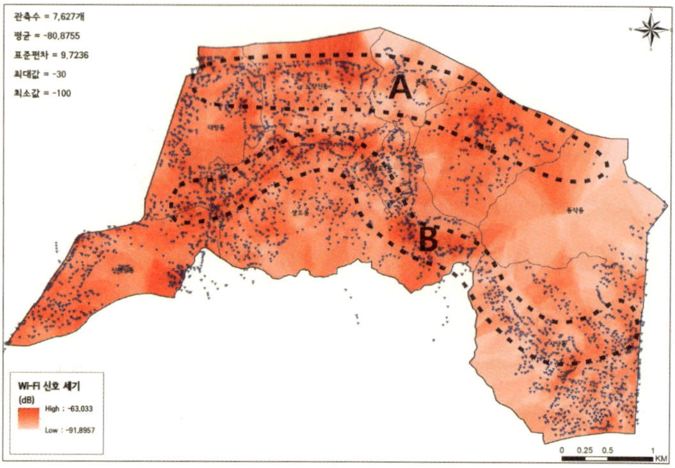

〈그림 3-45〉 신호 강도에 따른 와이파이 접근성(동작구)

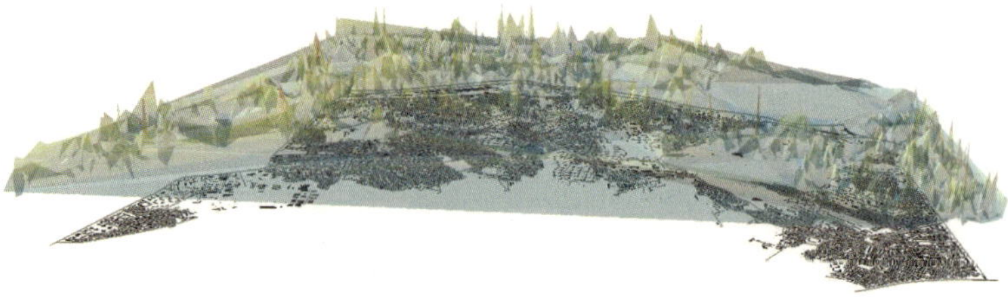

〈그림 3-46〉 신호 강도에 따른 와이파이 접근성의 3차원 표현(동작구)

근성(평균 -78.93dBm)은 와이파이에 접근할 수 있는 최소한의 수준을 보이고 있어 밀집된 AP에 따른 신호 간섭이나 국지적인 무선 환경의 영향에 따라 접근성이 저하되는 것을 알 수 있다. 중구 내에서 수신 전계강도가 상대적으로 높은 곳은 AP들이 집중적으로 분포한 명동 일대(A)로, 와이파이의 물리적 이용 가능성이 비교적 높으면서 신호 강도 측면에서도 다른 지역들에 비해서 높은 접근성을 보였다(〈그림

3-44〉). 반면 명동 외곽이나 남대문 일대는 AP가 많이 분포하고 있지만 신호 강도에서는 낮은 접근성을 보였다. 옥수, 청구, 신당 일대의 지역들(B)은 상대적으로 적은 AP 분포에도 불구하고 비교적 높은 접근성을 보여주고 있는데 이 지역들은 주거 밀집지대로 AP 분포와 신호 강도에 따른 접근성이 중구 내에서도 토지 이용에 따라 차이가 나고 있음을 시사한다.

동작구에서는 총 7,627개의 AP가 탐지되었는데 평균 신호 강도는 -80.8755dBm으로 중구에 비해 신호 접근성이 낮았다. 중구와 마찬가지로 서울 현충원, 보라매 공원, 까치산 공원 등 녹지 공간을 제외하고 대부분의 지역에 AP들이 밀집하여 분포하고 있는데 특히 7호선과 9호선의 지하철 노선에 따른 분포 패턴(A, B)이 두드러지게 나타났다(〈그림 3-45~3-46〉). 이는 주거 지역 외에 동작구 내의 지하철 역세권을 바탕으로 한 상업 지역과 같은 토지 이용이 와이파이 AP 분포에 영향을 미치고 있음을 보여 준다. 평균 신호 세기에서도 나타나듯이 동작구 전체에서 전반적인 신호 강도에 따른 와이파이 접근성은 상업 업무 기능이 탁월한 중구에 비해 다소 낮음을 알 수 있다. 한편 동작구 내 대부분의 지역은 와이파이 AP의 밀도와 신호 접근성이 어느 정도 일치하는 것으로 나타났는데 7호선이 지나는 사당동 일대는 와이파이 AP 분포가 밀집되어 있지만, 신호의 세기는 낮아 국지적 무선 환경에 따라 이론적인 커버리지와 실제적인 신호 접근성의 차이가 있음을 보여 준다.

5. 소 결

이 장에서는 우리나라 와이파이 분포의 특성을 전국적 단위와 광역시 단위의 다중 스케일로 탐색하였다. 전국적 단위에서는 지역 간(시군구별) 와이파이 분포의 지리적 격차를 와이파이 AP 개수의 분포를 통해 거시적으로 살펴보았으며, 광역시 단위에서는 서울특별시를 비롯한 6대 광역시의 도시 내 와이파이 AP 분포의 지역적 차이를 보다 미시적으로 살펴보았다. 또한 와이파이 분포 특성을 지역의 주요 인구·사회·경제적 요인과의 관련성을 통해 살펴보았다. 마지막으로 와이파이 분포와 실제 신호 강도에 따른 와이파이 접근성의 차이를 알아보기 위해 서울 중구와 동작구를 대상으로 와이파이 AP 서베이를 실시하였다.

전국적으로 총 288,600개의 AP가 설치된 것으로 조사되었고, 시군구별로 평균 1,254개의 와이파이 AP가 있고 가장 많이 설치된 지역은 서울 강남구이며, 가장 적게 설치된 지역은 23개의 AP를 가진 경상북도 영양군으로 나타났다. 전체적으로 서울을 비롯한 수도권 일대, 광역시권, 지방 도시권 등 인구가 밀집한 지역에 AP들이 집중적으로 분포하며, 농어촌 지역을 비롯한 도서, 산간 지역 등 인구 희박 지역은 적은 수의 AP가 분포하여 와이파이 AP는 지역적으로 불균등하게 분포하고 있는 것으로 나타났다. AP 상위 10개 시군구는 주로 서울 및 경기도의 도시권에 AP가 집중적으로 분포하는데, 특히 도시 내 도심 및 부도심에 집중한 것으로 나타났다. 경기도의 경우 신도시가 발달한 성남시, 수원시, 용인시, 고양시에 다수의 AP가 분포하는 것으로 나타났다. 수도권을 제외한 지역에서는 광역시와 전주, 창원과 같은 지방 거점 도시들에 집중하여 분포한 것으로 나타났다. AP 하위 10개 시군구는 대체로 농어촌, 산간의 군 지역에 해당하며, 특히 경상도 내륙(영양군, 봉화군 등)과 전남 남부 지역(진도군, 강진군 등)이 AP가 매우 적게 분포하였다. 한편 운영 주체별 와이파이 분포를 살펴보면, 전국적으로 가장 많은 AP를 보유한 KT의 경우 수도권을 중심으로 집중적으로 분포하며, SKT는 KT와 마찬가지로 수도권에 집중적으로 AP가 분포하지만 전국의 대도시에 비교적 균등하게 분포하는 것으로 나타났다. 서울 강남구는 KT, SKT 모두의 최대 AP 집중지라 할 수 있으며 두 통신사의 AP는 강남구 전체 AP의 89%에 해당한다. LGT의 AP는 수도권보다 경남에 집중적으로 분포하며, 진주, 창원, 부산, 울산으로 이어지는 남동 해안 도시를 따라 많은 AP가 설치되어 있고 대구, 구미로 이어지는 대구권에도 집중적으로 분포하고 있다. 공공 와이파이의 경우 전체적으로 서울 지역에 많이 설치되어 있지만, 상업적 이동통신사와 달리 도심, 부도심 지역이 아닌 지역에 보다 집중적으로 분포하고 있고, 일부 농촌 지역에 많은 AP가 분포하는 것으로 나타났다. 이는 무선 인터넷의 소외 지역을 대상으로 와이파이 접근성의 지역적 격차를 해소하고자 하는 공공 와이파이 설치 목적에 부합한 결과라 할 수 있지만 여전히 상업적 이동통신사가 지원하지 않는 와이파이 취약 지역들이 공공 와이파이에서도 취약 지역으로 나타나고 있다. 전체 와이파이 AP 분포의 지역적 불균등성, 즉 수도권, 대도시권 지역에서의 와이파이 AP의 집중적 분포와 농어촌, 군 지역에서의 취약한 분포 패턴은 공간적 분포 패턴의 통계적 검증에서도 유의미하게 나타났다. 국지적으로는 서울을 비롯한 경기 이남 지역이 AP가 집중적으로 분포하는 클러스터로 탐지되었고, 경북 봉화군, 경남 함양군과 전북 장수군, 전남 완도군 일대는 적은 수의 AP가 분포하는 AP 취약지 클러스터로 나타났다.

광역시 수준에서 도시의 와이파이 분포를 살펴본 결과, 서울을 비롯한 대부분의 광역시에서는 도시 내 산지나 녹지, 하천 등 인구가 많이 거주하지 않은 공간을 제외하고 인구가 상주 또는 활동하는 공간에 AP들이 밀집하여 분포하고 있는 것으로 나타났으며, 도시 내 도심이나 부도심 지역, 거주 밀집 지역들에 AP가 집중적으로 분포하는 것으로 나타났다. 전국적인 스케일에서도 나타났듯이 절대적인 수의 와이파이 AP 분포와 도시별 인구 규모에 따른 분포는 다소 다른 양상을 보이고 있으며, 100m 커버리지를 가정한 커버리지 분석 결과 역시 각 도시의 면적에 따라 지역별 커버리지 정도가 상이하게 나타났다. 절대적인 와이파이 AP 개수는 서울이 가장 많지만 인구 규모를 고려하였을 때 와이파이 AP 개수는 광주가 가장 많으며, 서울, 대전, 부산, 대구, 인천, 울산의 순서로 나타났다. 도시 면적을 고려하였을 때 커버리지 비율은 서울이 가장 높고, 광주, 부산, 대전, 대구, 인천, 울산의 순서로 높은 커버리지 비율을 보였다.

이와 같은 와이파이 분포 특성을 지역의 인구·사회·경제적 변수들과 연관 지어 살펴본 결과, 인구 측면에서 인구수, 20~39세 인구 비율, 60세 이상 고령 인구 비율, 대학 졸업 인구, 중학교 졸업 인구 비율 등이 높은 상관성을 보이고 있어 지역의 인구 연령, 교육 수준과 와이파이 AP 분포가 연관된 것으로 나타났다. 경제적 측면에서는 지역의 산업별 사업체 수와 와이파이 분포가 상관성이 높으며 특히, 3차 산업과의 상관성이 높은 것으로 나타났다. 또한 지역의 전 산업 매출액과 영업이익도 와이파이 분포와 상관성이 있는 것으로 나타나 지역의 경제활동 역시 와이파이 분포와 밀접한 관련성이 있음을 시사한다. 사회적 측면에서는 지역의 인프라, 정보화 정도, 토지 이용의 일부 요소들이 와이파이 분포와 상관되어 있음을 알 수 있다. FAX, 인터넷 가입 가구, 재정자립도, 상업 지역 면적 등이 와이파이 분포와 비교적 높은 상관성을 보이는 반면, 아날로그, 안테나, 케이블 TV 보유와는 크게 상관성이 없으며, 토지 이용에서도 주거 지역, 공업 지역, 공공지 면적 등은 와이파이 분포와 크게 상관이 없는 것으로 나타났다. 주거 지역의 경우, 여러 선행 연구에서 와이파이가 밀집하여 분포하는 지역으로 파악되었는데 여기에서는 주거 지역의 면적과 와이파이 분포와의 관련성을 보기 때문에 다른 맥락이라 할 수 있다. 와이파이 분포는 지역 인프라의 일부 측면과도 관련성이 있음을 보여주었다. 상관 분석과 별도로 와이파이 분포를 설명하기 위한 회귀 분석 결과는 인구수, 20~39세 인구, 박사 졸업 인구, 출판, 영상, 방송통신 및 정보서비스업 사업체 수, 금융 및 보험업 사업체 수, 지역산업 매출액이 와이파이 AP 분포에 유의미하게 영향을 미치는 것으로 나타났고, 이러한 변수들의 값이 높은 지역일수록 와이파이 AP 개수가 많은 것으로 나타났다. 따라서 인구가 많고 인터넷 수요가 많은 젊은 연령층이나 고학력 인구 비율이 높으며, 지역 산업 규모가 큰 도시권이나 정보통신 관련 업체와 사업자 서비스업이 많이 위치하고 있는 도시 내 도심 지역이 와이파이 AP가 많이 분포할 것으로 예상할 수 있다. 이는 와이파이의 공간적 특성에 대한 거시적, 미시적 분석 결과와 일치한다.

한편 와이파이 AP의 분포와 실제적인 접근성의 차이를 살펴보기 위한 와이파이 AP 서베이 결과, 와이파이 AP의 밀도와 실제 신호 강도에 따른 접근성은 지역적으로 차이가 나는 것을 확인할 수 있었다. 즉 많은 AP가 존재하더라도 실제적인 신호 접근성이 낮은 지역이 있는 반면, AP가 적은 지역임에도 불구하고 비교적 높은 신호 강도를 보이는 곳들이 존재하였다. 이는 AP의 지리적 분포와 달리 신호 간섭이나 국지적인 무선 환경의 영향에 따른 신호 감쇄 현상이 발생해 실제적인 와이파이 접근성은 이론적 커버리지와 달리 지역적으로 차이가 날 수 있음을 시사한다.

Ⅳ. 슈퍼 와이파이 입지를 통한 모바일 정보 격차 완화

Ⅳ. 슈퍼 와이파이 입지를 통한 모바일 정보 격차 완화

앞서 살펴본 것처럼 현재 와이파이 기반의 무선 통신 인프라 분포는 지역적 차이가 확연하게 나타나며, 특히 인구 수요가 많은 대도시권에 와이파이 AP가 집중적으로 분포하고, 인구가 희박한 농어촌 지역은 와이파이 AP가 적어 지역적 양극화가 발생하고 있다. 도시 내 와이파이 분포 역시 상업 및 업무 기능이나 주거 기능이 우세한 지역에 AP가 집중적으로 위치하여 도시 무선 정보통신 인프라의 불균등한 분포가 지리적 스케일에 관계없이 나타남을 알 수 있다. 이러한 무선 인프라의 지역적 격차는 대부분의 와이파이 AP들이 상업적 이윤을 추구하는 이동통신사가 주도적으로 설치하고 있기 때문이다. 하지만 공공의 이익을 최우선으로 고려해야 하는 정부나 지자체는 무선 인터넷 접근성의 지역적 격차를 완화하고, 지역 주민에 대한 무료 인터넷 서비스나 지역의 안전, 치안, 교육, 경제 활성화를 위한 공공 무선 인프라를 확대하는 데 보다 관심을 가지고 있다. 전국적으로 서비스를 확충하고 있는 공공 와이파이와 최근 주목받는 슈퍼 와이파이 역시 이러한 노력의 일환이다. 특히 슈퍼 와이파이는 Ⅱ장에서 살펴본 것처럼 투과성이 좋은 방송용 화이트 스페이스를 활용함으로써 공공 와이파이보다 적은 비용으로 넓은 지역에 안정적인 인터넷 서비스를 제공할 수 있다는 점에서 보다 현실적인 대안이 될 수 있다. 이에 따라 본 장에서는 공공 무선 인프라의 효율적인 대안으로 슈퍼 와이파이의 도입을 가정하여 슈퍼 와이파이 AP 입지의 최적화된 공간 배치를 지리정보시스템(Geographic Information System: GIS)과 공간 최적화(spatial optimization) 방법론을 활용하여 체계적으로 살펴보고자 한다.

본 연구에서 슈퍼 와이파이 입지 최적화는 무선접속장치인 와이파이 AP의 효율적인 입지 지점들을 찾는 데 있다. 입지 과학(location science)에서 시설물에 대한 입지 최적화는 일반적으로 수리 최적화 모델링(mathematical optimization modeling)을 통해 수행되는데 본 연구에서는 공공 시설물의 서비스 커버리지 최적화와 관련하여 자주 사용되는 커버링 모델을 토대로 입지 최적화를 수행하였다. 커버링 입지 모델은 응급 서비스 시설의 최적 입지를 도출하기 위해 Toregas et al.(1971)가 처음 공식화했으며, 이후 응급 구호 및 보건 서비스(Toregas and ReVell, 1973; Bennett et al., 1982; Daskin, 1982; Current and O'Kelly, 1992; Rahman and Smith; 2000Murray, 2005), 기상 모니터링(Murray and O'Kelly, 2002; Murray et al., 2010), 생태 보전(Church et al., 1996), 정보통신 디자인(Lee and Murray, 2011; Shillington and Tong, 2011) 등의 다양한 공공 영역에서 폭넓게 활용되어 왔다. 전형적인 커버링 입지 모델은 크게 셋커버링 입지 모델(Location Set Covering Problem: LSCP)과 최대 커버링 입지 모델(Maximal Covering Location Problem: MCLP)로 구분할 수 있다. 두 모델은 공공 시설물의 입지 선정에 수요의 커버리지를 명시적으로 고려한다는 점에서 공통점이 있지만, 세부적으로는 다소 상이한 입지 목적을 가지고 있다. 즉 LSCP는 서비스 시설물에 대한 수요를 완전히 커버하는 최소 개수의 시설물 입지 대안을 도출하는 데 목적이 있는 반면, MCLP는 한정된 개수의 서비스 시설물로 최대한 많은 수요를 커버할 수 있는 공간 배치를 도출한다. 커버링 모델은 공간 의사결정이 필요한 수많은 응용 영역에서 문제 맥락에 따라 다양한 변형 모델로 개발되어 널리 활용돼 오고 있다.

슈퍼 와이파이 기술 유형에 따라 다양한 형태의 슈퍼 와이파이 입지 시나리오가 가능하며, 본 연구에서는 크게 두 가지의 슈퍼 와이파이 기술 표준을 사례 연구에 적용하였다. 화이트 스페이스를 활용한 슈퍼 와이파이 기술 표준은 크게 광역 커버리지 서비스 모델(IEEE 802.22 WRAN: Wireless Regional Area Network)과 소출력 서비스 모델(IEEE 802.11af WLAN: Wireless Local Area Network)로 구분할 수 있고, 현재의 슈퍼 와이파이는 후자를 의미하지만, 화이트 스페이스를 활용한 광역 무선망이라는 맥락에서는 두 가지를 다 포함할 수 있다. 광역 커버리지 서비스 모델의 경우 화이트 스페이스 대역을 이용하면서 보다 광역의 커버리지를 가지기 때문에 전국 단위의 거시적 스케일에서 농촌 지역이나 무선 인터넷 서비스의 소외 지역에 와이파이 기반의 무선 인터넷 인프라 구축에 적합한 기술 표준이라 할 수 있다. 한편 도시형의 소출력 서비스 모델은 기존의 와이파이 기술보다는 넓은 커버리지를 가지지만 광역 커버리지 서비스 모델에 비해서는 상대적으로 작은 서비스 범위를 제공한다. 따라서 도시의 와이파이 음영 지역을 초점으로 기존 와이파이 인프라에 대한 보완적 대안으로 활용하는 데 적합할 수 있다. 따라서 본 연구에서는 광역 커버리지 서비스 모델을 적용한 전국 단위의 거시적 스케일의 슈퍼 와이파이 입지 최적화와 특정 도시권(서울특별시와 6대 광역시) 단위의 보다 미시적 스케일의 슈퍼 와이파이 최적 입지를 살펴볼 것이다.

1. 광역 커버리지 슈퍼 와이파이 입지 최적화

1) 공간 최적화 모델

이 절에서는 앞서 언급한 커버링 모델 중 전국 규모의 광역 커버리지 슈퍼 와이파이 입지 선정에 적합한 최대 커버링 입지 모델을 활용하였다. MCLP는 Church and ReVelle(1974)에 의해 소개되었는데 앞서 설명한 것처럼 설치할 시설물의 개수가 주어졌을 때, 관련한 수요를 최대한 커버하도록 시설물의 입지 최적해를 찾아 준다. 이때 수요에 대한 커버리지는 시설물의 서비스 범위와 직접적으로 관련되며, 일반적인 소매 입지의 경우 소비자가 특정 상품을 구매하기 위해 이동할 수 있는 최대 지리적 범위에 해당한다. 슈퍼 와이파이의 경우 각 기술 표준에 따라 특정 AP가 무선 인터넷 접근성을 제공할 수 있는 최대 서비스 커버리지라 할 수 있다. MCLP는 설치할 시설물의 개수를 외부적으로 정의할 수 있는데, 이는 시설물의 입지 계획에 예산과 관련한 보다 현실적인 조건들을 고려할 수 있는 특성이다. 따라서 MCLP는 제한된 예산에 따라 시설물의 개수를 제어하면서 해당되는 입지 최적해를 제안할 수 있다. 전형적인 이진 정수선형계획법(Binary Integer Linear Programming: BILP)의 MCLP 수리 모델은 다음과 같이 표현된다. 이진 정수선형계획법은 목적함수나 제약 조건이 선형방정식 형태인 선형계획법(Linear Programming: LP)에서 결정변수를 0과 1의 이진 정수형으로 제약한 최적화 문제이다.

I: 수요 지점 셋(i로 인덱싱)

J: 시설물 입지의 잠재적 후보지 셋(j로 인덱싱)

a_i: 수요 지점 i의 수요량

d_{ij}: 수요 지점 i와 시설물 입지 후보지 j와의 거리

D_c: 시설물의 지리적 커버리지

$N_i = \{j | d_{ij} \leq D_c\}$: 수요 지점 i를 커버하는 모든 시설물의 후보지 셋

결정변수(decision variables):

X_j: 시설물이 j에 위치한다면 1, 그렇지 않다면 0.

Y_i: 수요 지점 i가 커버된다면 1, 그렇지 않다면 0.

목적함수(objective function):

$$\text{Maximize} \quad Z = \sum_{i \in I} a_i Y_i \tag{1}$$

제약조건식(constraints):

$$\sum_{j \in N_i} X_j \geq Y_i, \quad \forall i \in I \tag{2}$$

$$\sum_{j \in J} X_j = p \tag{3}$$

$$X_j = \{0,1\}, \quad \forall j \in J \tag{4}$$

$$Y_i = \{0,1\}, \quad \forall i \in J \tag{5}$$

목적함수 Z(수식 1)는 시설물에 의해 커버되는 총 수요를 최대화하는 것이 입지 목적임을 명시하고 있다. 제약조건식 (2)는 수요 지점 i에서 지리적 커버리지 내에 시설물을 입지했을 때만 수요 지점 i가 커버되도록 한다. 제약조건식 (3)은 설치하고자 하는 시설물의 수(비용)를 지정할 수 있도록 한다. 제약조건식 (4)와 (5)는 결정변수의 값

이 0 또는 1만 가지도록 제약한다.

광역 커버리지 슈퍼 와이파이 입지 모델은 전형적인 MCLP 모델을 슈퍼 와이파이 기술(IEEE 802.22 WRAN)에 적합한 패러미터와 입지 결정 시나리오에 따라 확장하였다. 입지 시나리오는 광역 슈퍼 와이파이 AP 입지 후보지 선정과 커버리지 수요지 결정과 관련된다. 입지 후보지와 관련해서는 크게 세 가지의 조건에 따라 별도의 후보지들을 선정하였는데, 1) 그린필드(greenfield) 기반 후보지, 2) 주파수(frequency) 기반 후보지, 3) 전계강도(signal strength) 기반 후보지이다. 우선 그린필드 기반 후보지는 AP의 입지에 대한 별도의 제약 없이 어느 곳이나 설치가 가능한 조건의 후보지라 할 수 있다. 다음으로 주파수 기반 후보지는 아날로그 TV의 디지털 전환 이후 700MHz대의 유휴 주파수를 사용하는 슈퍼 와이파이의 특성에 따라 공간적으로 기존의 방송용 주파수를 주로 사용하는 지역을 최대한 피하여 슈퍼 와이파이 AP가 입지하도록 정의한 것이다. 마지막으로 전계강도 기반 후보지는 주파수 기반 후보지와 유사하게 방송 수신 전파의 세기가 강하지 않은 지역을 AP 입지 후보지로 정의한다. 즉 방송 수신 전파가 강한 곳은 방송 수신이 가능한 구역으로 간주하고, 방송용 전파와의 중복성과 혼신을 최대한 줄이기 위한 조건이라 할 수 있다. 결국 그린필드 후보지를 제외한 두 후보지 시나리오는 기존의 디지털 방송 영역과 슈퍼 와이파이 도입에 사회적, 경제적, 정치적으로 최대 걸림돌이라 할 수 있는 영역 침범의 쟁점에 대한 대안적 접근이다. 이렇게 다양한 입지 후보지 시나리오에 따른 모델링은 의사결정자에게 보다 유연하고 다각적인 입지 대안들을 제공할 수 있을 것으로 기대된다. 한편 커버리지 수요지 역시 입지 최적화에서 먼저 고려되어야 할 중요한 요소인데, 특히 커버리지 최대화라는 목적함수를 가지고 있는 MCLP의 경우 최적해의 도출에 직접적인 영향을 줄 수 있다. 여기에서는 크게 수요지의 세 가지 조건인 1) 인구 수요 중심 커버리지, 2) AP 취약지 중심 커버리지, 3) 인구와 AP 취약지 절충 커버리지를 고려한다. 앞에서 살펴본 것처럼 MCLP의 목적함수는 수요지점의 가중화된 수요량을 최대화하고자 한다. 일반적으로 가중 수요는 특정 서비스 시설물에 대한 대상 인구로 정의할 수 있는데, 슈퍼와이파이 역시 특정 AP의 서비스 범위에 포함될 수 있는 수요 지점에 할당된 인구를 최대로 커버하는 최적해를 고려할 수 있다. 이 경우 제한된 수의 공간 시설로 보다 많은 수요를 커버한다는 측면에서 공간적 효율성 접근이라 할 수 있다. 한편 슈퍼 와이파이의 목적이 서비스 커버리지가 작은 기존 와이파이 서비스의 대안으로 농촌이나 산간 지역과 같은 무선 인터넷 취약지에 적은 수의 시설로 많은 지역들을 서비스하고자 한다는 점에서, 기존 와이파이 AP 시설이 상대적으로 적게 설치되어 무선 인터넷 접근이 취약한 지역들을 가중 수요로 고려할 수도 있을 것이다. 이 경우 앞 장에서 전국 단위의 와이파이 AP 설치 현황 분석에 따라 도출된 AP 취약지들을 우선 커버리지 수요로 간주할 수 있고, 최대 인구 수요는 아니지만 특정 취약 지역들에 초점을 맞춘다는 측면에서 공간적 형평성 접근이라 할 수 있다. 인구와 AP 취약지 절충 커버리지는 인구 및 AP 취약지 모두에 동일한 가중치를 두는 것으로 인구 수요와 AP 취약지 우선 고려의 상쇄성(tradeoff)을 동시에 고려한 절충적 접근이다. 후보지 선정과 마찬가지로 슈퍼 와이파이 입지의 여러 목적함수를 수요지 특성에 기반을 두고 달리 정의함으로써 현실 세계의 다양한 상황에 따른 적합한 입지 대안들을 체계적으로 살펴볼 수 있을 것이다.

일반적으로 서로 상충하는 하나 이상의 목적함수를 동시에 최적화

시키는 수리 모델링을 다목적 최적화 프로그래밍(multi-objective optimization programming)이라 하는데, 목적함수가 두 개인 경우는 이목적 최적화(bi-objective optimization) 모델이라 한다. 목적함수들이 상충할 때, 예컨대 공간적 효율성을 최대화할 때 공간적 형평성이 상쇄되는 경우 각 목적함수를 동시에 최적화할 수 있는 단일해는 없으며, 어떤 목적함수도 다른 목적함수의 일정한 희생이 없이는 개선되지 않는 비지배적인 해의 집합(non-dominated solutions 또는 non-inferior solutions)을 찾게 된다. 다목적 프로그래밍의 해결은 일반적으로 각 목적함수에 대해 우선성이나 중요도에 따라 가중치를 부과하는 가중화 방법(weighting method)을 사용하여 단일 목적함수의 형태로 변환해서 풀 수 있다(Cohon, 1978). 가중화 방법은 제약조건식의 변형 없이 문제를 해결할 수 있기 때문에 다목적 최적화 문제에 폭넓게 이용되고 있다(Snyder and ReVelle, 1997). 지금까지 논의한 입지 후보지와 수요지의 다양한 시나리오에 따라 기존의 MCLP 모델은 다음과 같이 이목적 최적화 모델로 수정될 수 있다.

목적함수:

$$\text{Maximize } Z_1 = \sum_{i \in I} Pop_i Y_i \tag{6}$$

$$\text{Maximize } Z_2 = \sum_{i \in I} AP_i Y_i \tag{7}$$

$$\text{Maximize } Z = \alpha Z_1 + (1-\alpha) Z_2 = \alpha(\sum_{i \in I} Pop_i Y_i) + (1-\alpha)(\sum_{i \in I} AP_i Y_i) \tag{8}$$

이때 α는 Z_1에 대한 가중치를 의미하며, 0에서 1까지의 범위를 갖는다. $\alpha = 1$인 경우, Z_2항은 0이 되어 전체 목적함수(수식 8)는 Z_1, 즉 인구 수요 중심의 공간적 효율성을 강조하는 커버리지 모델이 되

〈표 4-1〉 광역 커버리지 슈퍼 와이파이 최적화 시나리오

구분		수요지 시나리오(개)			
		공간적 효율성 (인구 수요)	절충형	공간적 형평성 (AP 취약지)	합
후보지 시나리오 (개)	그린필드 기반 후보지	30	30	30	90
	주파수 기반 후보지	30	30	30	90
	전계강도 기반 후보지	30	30	30	90
	계	90	90	90	270

며, 반대로 $\alpha = 0$인 경우, Z_1항이 0이 되어 AP 취약지에 초점을 맞춘 공간적 형평성의 커버리지 모델이 된다. $\alpha = 0.5$인 경우는 두 목적함수 모두 같은 중요성을 가지게 되어 인구와 AP 취약지를 모두 고려하는 절충형 모델이라 할 수 있다. 이러한 가중치는 각 목적함수의 중요도에 따라 다양하게 적용될 수 있어 여러 입지 대안들을 살펴볼 수 있지만, 본 연구에서는 앞서 언급한 세 가지 수요지 조건에 맞추어 $\alpha = \{0, 0.5, 1\}$에 대해 최적 모델링을 수행할 것이다. 다만 주파수, 전계강도 기반 후보지의 경우 시간적 제약으로 인해 공간적 효율성과 형평성 모델만을 살펴볼 것이다. 〈표 4-1〉은 광역 커버리지 슈퍼 와이파이 최적화에 적용된 시나리오와 설치할 시설물의 개수(p)에 따른 입지 문제의 전체 개수를 보여 준다.

2) 공간적 재현 및 데이터

앞서 디자인한 최적 입지 모델을 해결하기 위해서는 먼저 입지 후보지와 수요지에 대한 공간적 재현이 필요하다. 최적 입지 모델링에서 입지 결정은 연속적 공간(continuous space)과 이산적 공간(discrete space) 모두에서 가능한데, 연속적 공간의 최적 입지는 임의의 지점에 입지하거나 수요의 연속적 분포를 가정하는 반면, 이산적 공간의 최적 입지는 유한한 개수의 입지 후보지나 수요량이 합역된 수요 지점을 사전에 정의하여 각 지점들을 평가한다. 연속적 공간에서의 입지 최적화는 무한대의 가능한 위치들을 내포하고 있어 수리적 계산에서의 어려움이 있기 때문에 일반적으로 유한한 개수의 이산적 공간을 가정한 최적화 모델이 선호된다. MCLP 역시 초기에 이산적 공간에서 제안된 문제이지만, 이후 연속적 공간에서 모델과 해법도 개발되었다(Church, 1984). 본 연구에서는 입지 후보지와 수요지를 이산적 공간에서 정의하고, 각 시나리오에 따른 공간적 재현들을 구축하였다.

먼저 입지 수요지를 생성하기 위해 전국 범위의 입지 대상 지역에 5km 반경의 육각형망을 생성하였다. 다음으로 생성된 육각형망에 인구 수요와 AP 취약지 우선 지역에 대한 지표를 할당하였다. 인구 수요는 통계청의 읍면동 단위의 2010년 인구총조사의 인구 데이터를 기반으로 면형 내삽법(areal interpolation)을 사용하여 각 육각형에 할당하였다. 면형 내삽법은 알려진 관측값을 바탕으로 알려지지 않은 속성값을 추정하는 내삽법의 일종으로 특정한 면형 공간 단위의 속성값을 다른 면적과 형태를 가진 면형 공간 단위의 속성값으로 추정할 때 사용한다. 본 연구에서는 ESRI사의 ArcGIS 10.2에 내장된 면형 내삽 도구를 활용하였다. ArcGIS의 면형 내삽법은 특정 공간 단위의 속성값을 크리깅(Kriging) 추정을 통해 연속적인 추정면을 형성한 후, 이를 기반으로 대상 공간 단위에 속성값을 재할당하는 방식으로 수행된다. AP 취약지 우선 지역의 지표 산출을 위한 기본 데이터는 와이파이 AP 현황 분석에서 사용된 미래창조과학부의 Wi-Fi 분포를 시군구 단위로 집계한 인구 1만 명당 AP 개수를 활용하였다. 인구 수요 할당

과정과 유사하게 시군구 단위의 인구 1만 명당 AP 개수를 면형 내삽법을 이용하여 각 육각형에 재할당하였다. 이와 같은 과정으로 각 육각형에 할당된 인구 추정값과 1만 명당 AP 개수는 앞서 진술한 다목적 최적화 모델에서 각각의 하위 목적함수로 사용된다. 단일 목적함수(수식 8)로 변환된 식에서 각 하위 목적함수의 값은 표준화될 필요가 있기 때문에 인구 수요와 1만 명당 AP 개수는 다음과 같은 표준화 방식을 이용하여 동일 척도로 변환하였다.

$$Pop_i(\text{인구 수요}) = \frac{i\text{지역의 인구}}{\text{전체 지역의 인구 최대값}} \times 100$$

$$AP_i(\text{AP 취약지 수요}) = 100 - \left(\frac{i\text{지역의 1만 명당 AP 개수}}{\text{전체 지역의 1만 명당 AP 개수 최대값}} \times 100 \right)$$

표준화된 각 수요 조건값은 0~100의 범위를 가지며, 100에 가까울수록 높은 수요량을 의미한다. AP 취약지 수요의 경우, 표준화식처럼 각 육각형에 할당된 1만 명당 AP개수의 상대적 비율을 계산한 후 최대값(100)에서 그 값을 다시 뺀 값으로 산출하였다. 이는 와이파이 AP 개수의 비율이 적은 AP 취약지일수록 높은 수요값을 갖도록 하여 단일 목적함수의 계산상 편의성을 부여한 형태라 할 수 있다. 만약 원 속성인 AP 개수 비율을 수요값으로 사용한다면 AP 취약지 중심 커버리지의 목적함수(수식 7)는 최소화가 되어야 하고, 전체 목적함수가 최대화이기 때문에 Z_2항을 음수값으로 정의해야 하는 번거로움이 있다.

한편 수요지는 서울특별시를 비롯하여 6대 광역시(인천의 경우, 강화군과 옹진군 포함)를 제외하였는데 광역 도시들은 이미 와이파이 인프라 시설이 집중되어 있어 AP 낙후 지역에 대안적 서비스로 고려한 광역 커버리지 슈퍼 와이파이의 적합한 대상 지역은 아니라고 판단했기 때문이다. 특히 인구 수요 측면에서 대부분의 인구가 광역 도시들에 밀집되어 있어 이들 지역을 포함하면 슈퍼 와이파이 AP들이 광역 도시들에 우선적으로 위치할 가능성이 크다. 서울을 비롯한 광역시들은 2절 도시형 소출력 와이파이 입지 모델링에서 다루고 있다.

〈그림 4-1~4-2〉는 수요지의 추정된 인구 분포와 1만 명당 AP 개수에 기반을 둔 AP 취약지 수요량 분포를 보여 준다. 두 지도에서 시각적으로 쉽게 확인할 수 있듯이 인구의 경우는 수도권과 광역시를 제외한 도시 지역들에서 집중이 두드러지는 반면, AP 취약지는 수도권과 광역시권에서 원거리의 농어촌 지역과 해안 지역에서 높은 수요가 나타났다. 앞서 AP 현황에서 나타나듯이 강원도 정선, 평창 일대, 전북 무주 일대와 같이 산간, 농어촌 지역임에도 리조트 등의 휴양지가 대규모로 분포하는 곳은 이미 설치된 AP가 많아 AP 취약지 수요량은 낮은 것으로 나타났다. 한편 제주도의 경우 인구 측면에서는 수요가 높지만, AP 취약지 관점에서는 인구 대비 AP 개수가 상대적으로 많아 수요량이 높지 않은 것으로 나타났다. 이러한 공간적 분포를 통해 인구 기반의 수요와 AP 취약지 기반의 수요가 공간 패턴이 매우 상이함을 알 수 있고, 따라서 각 목적함수의 최적해 역시 상이하게 나타날 것을 예상할 수 있다.

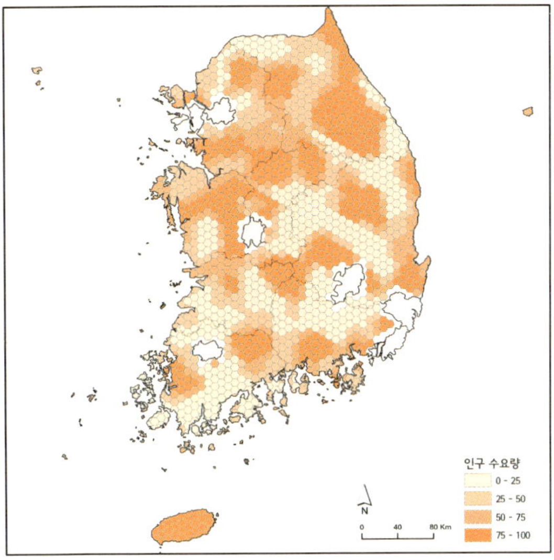

〈그림 4-1〉 인구 수요량 분포

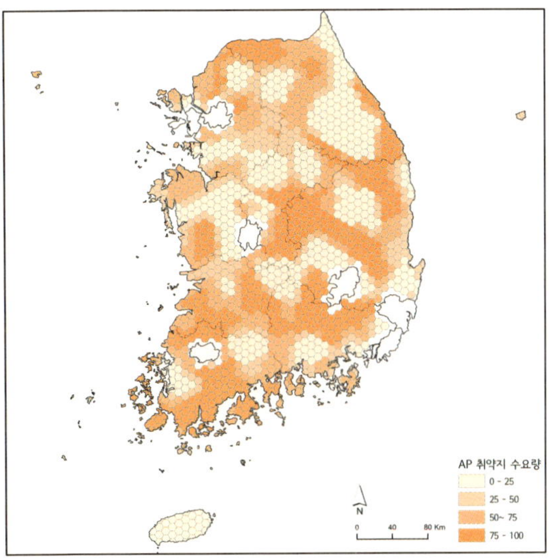

〈그림 4-2〉 AP 취약지 수요량 분포

육각형망으로 구성된 수요지와 후보지들은 최종적으로 각 육각형의 센트로이드(중심점)를 산출하여 실제 최적화 구현에 적용하였다. 이는 각 수요지와 후보지들을 단일 좌표를 가지는 포인트 객체로 정의함으로써 객체 간의 거리 및 커버리지 결정 등 연산하기 위함이다. 수요지나 입지 후보지들의 포인트 기반의 공간 재현은 입지 최적화 모델링에서 가장 보편적으로 사용되는 재현 방식이다. 〈그림 4-3〉은 총 1,801개의 육각형과 육각형의 센트로이드로 구성된 포인트 형태의 수요지 분포를 보여 준다.

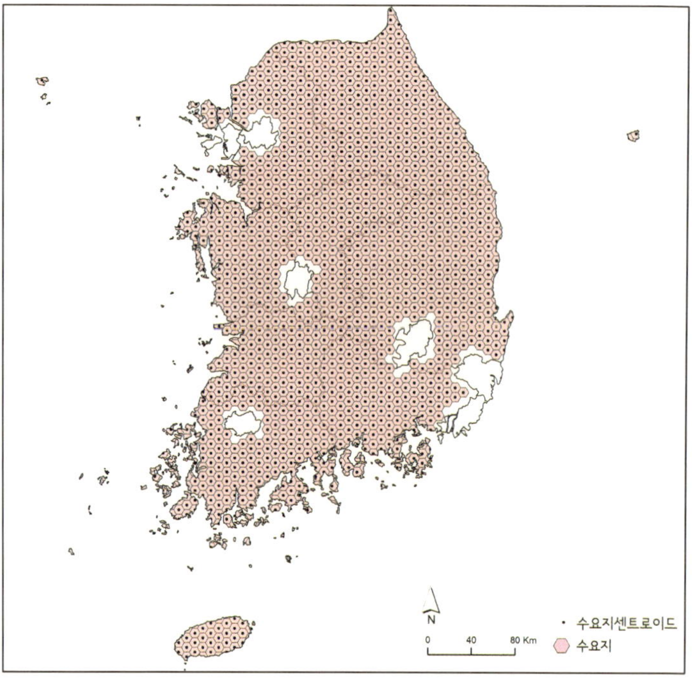

〈그림 4-3〉 수요지의 공간적 재현

앞서 서술한 것처럼 입지 후보지는 크게 그린필드 후보지, 주파수 후보지, 전계강도 후보지로 생성하였다. 모든 후보지는 수요지와 마찬가지로 전국을 5km 반경의 육각형망을 생성한 후, 각 후보지 시나리오에 따른 필터링을 통해 최종 후보지들을 생성하였다. 또한 수요지와 같은 이유로 서울특별시와 광역시는 제외하였으며 최종 후보지들은 육각형의 센트로이드로 재현되었다. 그린필드 후보지의 경우, 아무런 공간적 제약을 부여하지 않은 시나리오이기 때문에 〈그림 4-4〉처럼 수요지와 같도록 구성하였다.

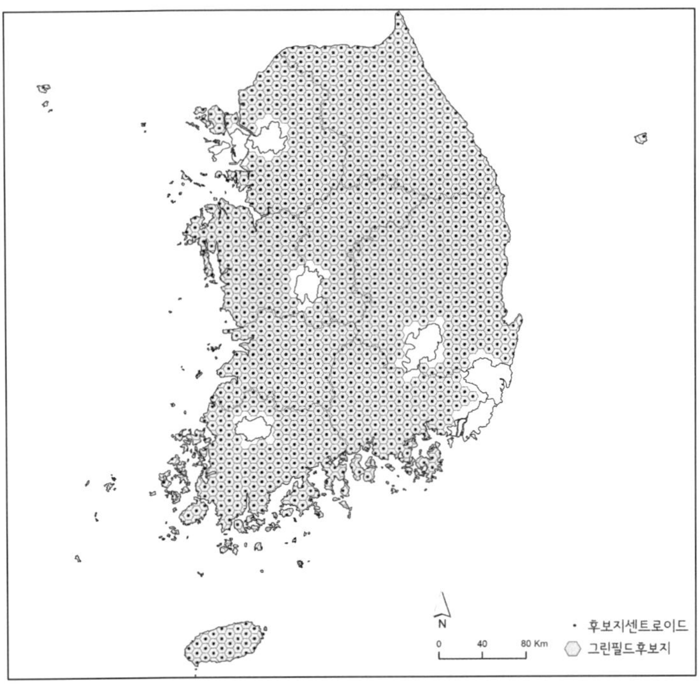

〈그림 4-4〉 그린필드 입지 후보지의 공간적 재현

주파수 후보지는 현재 디지털 방송용 주파수 대역을 최대한 피하기 위해 698MHz 이상의 유휴 주파수 대역이 사용되는 지역들로 정의하였다. 이를 위해 먼저 국립전파연구원이 2004~2010년 동안 방송 수신 측정 지점에서 측정한 방송수신현황 자료를 활용하여 주파수 연속면을 생성하였다. 방송 수신 측정 지점은 전국에 걸쳐 약 10만여 개가 정의되어 있는데, 각 지점별로 DTV 방송의 방송사명, 주파수, 채널, 송신소 거리 및 방향, 전계강도, 수신 등급 등이 조사되어 있다. 주파수 연속면은 방송 수신 측정 지점의 주파수 대역값을 기반으로 정규 크리깅 내삽법을 통해 생성하였다. 한 가지 주의할 것은 주파수 대역은 공간적으로 구획화될 수 없다는 점이다. 즉 동일한 측정 지점이더라도 다양한 주파수 대역을 할당받은 방송사들의 방송을 수신할 수 있다. 예컨대 2012년 6월 기준으로 경기도 동두천시 소요동의 소요산 주차장 일대에서는 관악산, 남산, 감악산의 송신소로부터 KBS, MBC, SBS, EBS 공중파 4사의 473~797MHz 범위의 방송이 모두 수신되고 있다. 이러한 특성은 주파수에 따른 방송 구역을 행정구역과 같이 지리적으로 명확하게 구분할 수 없기 때문에 슈퍼 와이파이 도입 시 주파수 간 간섭을 공간적으로 피할 수 없다는 방송사 주장의 한 부분이라 할 수 있다. 따라서 본 연구에서는 대안으로 측정 지점들의 평균 주파수와 공간적 의존성(인접한 지역에 유사한 값들이 분포함)의 정도(spatial dependency)를 고려하여 공간적으로 전역적인 주파수 대역의 연속면을 생성하였다(〈그림 4-5〉). 대체적으로 경기도 일대와 충청도, 강원 영서 지역, 전라도와 경남의 산간 지역과 도서 해안 지역이 기존 방송용 주파수보다 유휴 대역에 많이 노출되어 있는 것으로 나타났다. 이렇게 생성된 주파수 연속면에서 DTV 전환 이후 유휴 대역인 698~806MHz 범위의 지역들을 주파수 기반의 입지

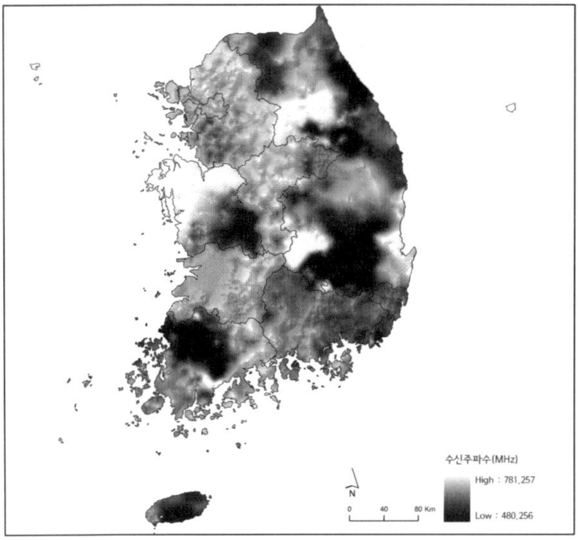

〈그림 4-5〉 주파수 연속면

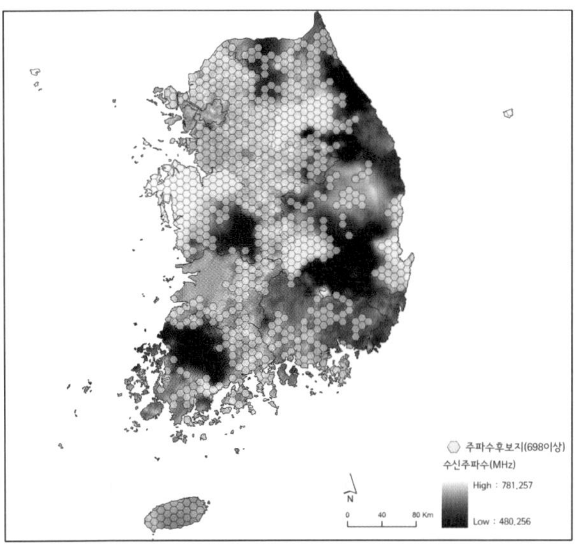

〈그림 4-6〉 주파수 기반 입지 후보지의 공간적 재현

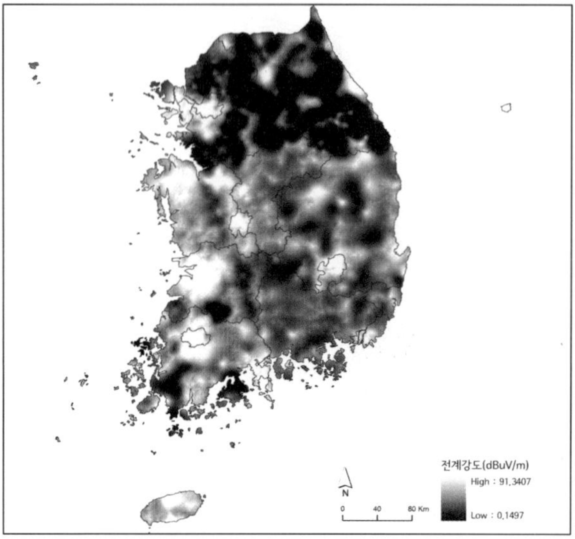

〈그림 4-7〉 전계강도 연속면

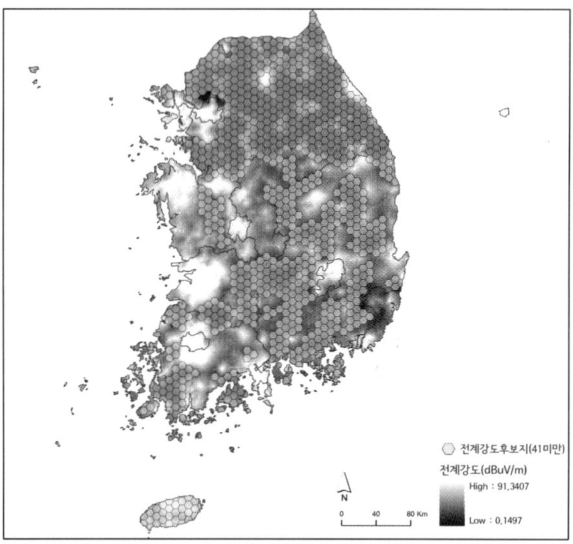

〈그림 4-8〉 전계강도 기반 입지 후보지의 공간적 재현

후보지로 정의하였다. 〈그림 4-6〉은 주파수 연속면에 따른 873개의 입지 후보지를 보여 준다.

전계강도(radio-field strength)는 수신 안테나에 들어온 특정 주파수 대역의 전자파의 크기를 나타내는 것으로 단위는 일반적으로 dBuV/m로 나타낸다. 주파수와 마찬가지로 국립전파연구원의 방송수신현황 자료를 이용하여, 각 방송 수신 측정 지점에서의 수신 전계강도 평균값과 공간적 의존성의 정도에 따라 전계강도 연속면을 생성하였다(〈그림 4-7〉). 행정구역에 기반을 둔 임의적인 방송허가구역과 달리 전계강도는 안테나에 수신되는 실제 전파의 상태를 반영하여 현실적인 방송 수신 가능 지역들을 보여줄 수 있다. 〈그림 4-7〉을 살펴보면, 일반적으로 알려진 것처럼 산지가 많은 강원도 지역의 취약성이 두드러지며, 전체적으로 산간 지역, 섬 및 해안 지역의 수신 상태가 불량한 것으로 나타나 실제 방송 수신 상태는 주파수 대역의 분포와는 다른 양상을 보이고 있다. 적절한 수신 강도의 기준은 연구자에 따라 조금씩 차이가 있지만, 일반적으로 41dBuV/m 이상이면 적절한 방송 수신이 이루어지고 있음을 나타낸다. 따라서 수신 전계강도 연속면에서 41dBuV/m 이상인 지역은 방송 수신이 원활하게 이루어지고 있는 기존의 방송구역으로 간주하고, 이 기준보다 낮은 수신 불량 지역을 슈퍼 와이파이 가능 후보지(1,007개)로 정의하였다(〈그림 4-8〉). 〈표 4-2~4-3〉은 방송 수신 측정 지점에서의 DTV 주파수 대역과 전계강도와 관련된 기술 통계와 방송국별 통계치를 보여 준다. 주파수는 일반적인 방송 대역인 471~803MHz에 분포하며, 평균적으로 608.5MHz가 가장 많다. 전계강도는 평균 46.76dBuV/m로 전국에 걸쳐 방송 수신은 대체적으로 양호한 상태임을 알 수 있다. 한편 방송국별로는 JIBS(제주), TJB(대전충남), KBC(광주전남), CJB(청주충북) 등

〈표 4-2〉 방송 수신 측정 지점의 주파수와 전계강도 기술 통계

주파수		전계강도	
평균	608.52	평균	46.76
표준편차	107.74	표준편차	22.53
분산	11608.88	분산	507.97
최소값	471.00	최소값	0.00
최대값	803.00	최대값	116.70
관측수	108,740.00	관측수	108,740.00

〈표 4-3〉 방송 수신 측정 지점의 방송국별 주파수와 전계강도

	주파수			전계강도		
방송국	평균	최대값	최소값	평균	최대값	최소값
CJB	699.80	773	479	50.71	108.30	0.0
EBS	643.47	803	485	47.52	114.70	0.0
G1	657.85	797	485	39.87	91.25	0.0
GTB	635.77	797	485	34.42	96.40	0.0
JIBS	540.80	623	479	59.00	103.53	30.0
JTV	604.38	713	587	46.45	100.20	0.0
KBC	550.58	773	479	51.54	98.04	10.0
KBS1	571.00	803	471	47.34	116.50	0.0
KBS2	612.06	803	479	47.14	113.20	0.0
KNN	667.39	791	479	40.95	100.53	0.0
MBC	602.82	803	473	46.31	116.70	0.0
OBS	581.97	779	509	50.23	102.50	0.0
SBS	624.16	797	485	43.35	112.80	0.0
TBC	552.01	803	477	49.64	106.21	11.4
TJB	609.25	785	479	53.15	106.21	17.0
UBC	577.83	653	527	39.74	102.82	6.4
총 합계	608.52	803	471	46.76	116.70	0.0

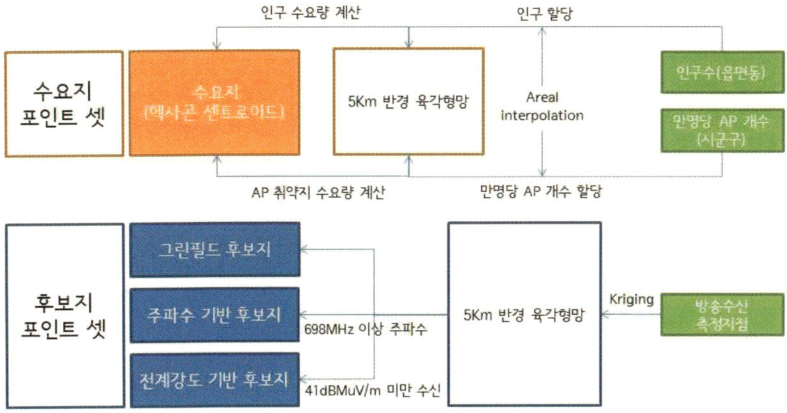

〈그림 4-9〉 수요지와 입지 후보지의 공간적 재현 과정

지역 민간 방송사들의 수신이 양호한 것으로 나타났고, CJB(청주충북), KNN(부산경남), G1(강원), EBS 등이 700MHz의 유휴 주파수대와 가까운 대역의 방송을 많이 편성하고 있는 것으로 나타났다.

수요지와 입지 후보지의 공간적 재현을 위한 전체적인 과정은 〈그림 4-9〉에 정리되어 있다. 한편 데이터의 구축과 가공, 입지 모델의 구현은 GIS 소프트웨어인 ArcGIS 10.2 및 Visual Basic Application (VBA)으로 수행하였다. 실제 입지 문제들은 정확한 해를 도출하기 위해 전문 상업용 최적화 툴인 IBM CPLEX 12.5를 이용하여 Intel Core 3.3GHz CPU, 6GB RAM의 컴퓨터에서 해결하였다.

3) 광역 커버리지 슈퍼 와이파이 최적 입지

여기에서는 세 가지 입지 후보지(그린필드, 주파수, 전계강도)에 대해 각 수요 조건(공간적 효율성, 공간적 형평성, 절충)을 가중화한 광역 커버리지 슈퍼 와이파이 입지 모델을 실제로 적용한 사례 연구를 살펴본다. 광역 커버리지 슈퍼 와이파이의 서비스 최대 도달 범위는 33km로 정의하였으며, 각 수요 조건에 따라 입지시킬 시설물의 수(p)를 1개씩 늘여가며 최대 30개의 최적해와 커버리지를 도출하였다.

먼저 입지에 공간적 제약이 없는 그린필드 후보지에 대한 최적화 결과는 〈표 4-4〉와 같다. 표는 사전에 정의된 시설물의 수에 따른 최적해의 목적함수, 커버리지, 계산 시간을 보여 준다. 공간적 효율성($\alpha = 1$)에 기반한 최적해의 경우, 목적함수는 선정된 AP 입지가 커버하는 표준화된 인구 수요량(최대 100%)의 총합을 의미하며, 커버리지는 전체 표준화된 인구 수요량(12838.58)에 대한 목적함수의 상대적 비율을 말한다. 공간적 형평성($\alpha = 0$)에 기반을 둔 최적해의 목적함수는 AP 취약 정도를 표준화한 수요량(최대 100%)의 총합을 의미하고 커버리지는 전체 표준화된 수요량(148952.1)에 대한 목적함수의 상대적 비율을 의미한다. 절충형($\alpha = 0.5$)의 경우 목적함수는 표준 인구 수요량과 AP 취약성 수요량의 가중 합을 의미하며, 커버리지는 공간적 효율성과 형평성의 가중치에 따른 전체 표준 인구 및 AP 취약성 수요량의 합(동일한 가중치가 적용되었기 때문에 표준 인구 수요량과 AP 취약성 수요량 합의 절반인 80895.3)에 대한 목적함수의 상대적 비율을 의미한다. 계산 시간은 최적해를 도출하기 위해 사용된 초 단위 시간을 의미한다. 모든 수요 조건에 대해 시설물의 수가 늘수록 커버리지가 늘어나는 것을 볼 수 있으며, 이는 인프라 시설에 대한 비용 측면과 서비스 커버리지는 상쇄성이 있음을 말해 준다. 또한 새로운 시설물 추가에 따른 커버리지의 증가량인 한계 커버리지(marginal coverage)는 시설물의 수가 증가함에 따라 점차 줄어드는 것을 알 수 있는데(〈그림 4-8〉), 이러한 한계 커버리지의 감소 경향은 MCLP의 일반적인 특징

〈표 4-4〉 그린필드 입지 후보지에 대한 최적화 결과

p	공간적 효율성($\alpha = 1$)			공간적 형평성($\alpha = 0$)			절충형($\alpha = 0.5$)		
	목적함수	커버리지 (%)	시간 (s)	목적함수	커버리지 (%)	시간 (s)	목적함수	커버리지 (%)	시간 (s)
1	1211.17	9.43	0.73	5020.59	3.37	2.43	2858.20	3.53	2.99
2	2181.57	16.99	1.98	10033.42	6.74	1.95	5547.79	6.86	2.56
3	2848.97	22.19	4.27	14951.21	10.04	1.30	8200.20	10.14	1.84
4	3500.31	27.26	1.28	19857.26	13.33	2.39	10842.21	13.40	1.84
5	4138.43	32.23	1.73	24758.57	16.62	2.59	13468.63	16.65	1.83
6	4717.42	36.74	2.79	29624.86	19.89	2.48	16078.49	19.88	2.39
7	5272.13	41.06	2.78	34415.54	23.11	2.20	18683.82	23.10	1.93
8	5792.33	45.12	1.64	39165.69	26.29	2.57	21286.71	26.31	2.67
9	6275.40	48.88	2.33	43899.92	29.47	2.36	23888.64	29.53	2.71
10	6689.94	52.11	1.23	48620.66	32.64	1.81	26455.67	32.70	2.06
11	7091.53	55.24	2.62	53294.63	35.78	2.22	28987.15	35.83	2.22
12	7465.13	58.15	2.67	57926.15	38.89	2.74	31507.64	38.95	2.64
13	7820.14	60.91	2.31	62506.48	41.96	2.76	34024.34	42.06	2.64
14	8158.35	63.55	2.56	67081.34	45.04	1.47	36540.55	45.17	2.70
15	8461.50	65.91	4.01	71653.84	48.11	1.36	39003.92	48.22	1.64
16	8754.99	68.19	3.21	76040.76	51.05	1.93	41427.21	51.21	2.57
17	9033.49	70.36	2.43	80340.42	53.94	2.17	43797.29	54.14	1.93
18	9294.37	72.39	3.18	84565.31	56.77	3.28	46082.68	56.97	2.64
19	9550.20	74.39	2.42	88744.97	59.58	2.45	48261.01	59.66	5.18
20	9804.69	76.37	3.25	92752.85	62.27	10.56	50412.20	62.32	9.61
21	10045.33	78.24	3.10	96706.99	64.92	11.25	52523.69	64.93	7.26
22	10283.91	80.10	6.99	100591.81	67.53	9.03	54601.50	67.50	10.53
23	10512.97	81.89	7.78	104324.31	70.04	10.03	56614.49	69.98	8.95
24	10743.81	83.68	6.04	107716.42	72.32	79.19	58486.45	72.30	113.43
25	10956.47	85.34	7.53	111097.77	74.59	367.23	60385.97	74.65	290.24
26	11166.74	86.98	7.80	114446.81	76.83	2956.52	62195.58	76.88	251.63
27	11352.84	88.43	13.09	117511.33	78.89	7828.16	63975.20	79.08	615.42
28	11523.61	89.76	68.23	120528.77	80.92	12795.65	65717.86	81.24	1884.34
29	11671.90	90.91	188.29	123593.29	82.98	17604.56	67357.81	83.27	3439.06
30	11820.44	92.07	225.14	126193.52	84.72	17484.90	68800.23	85.05	7555.41

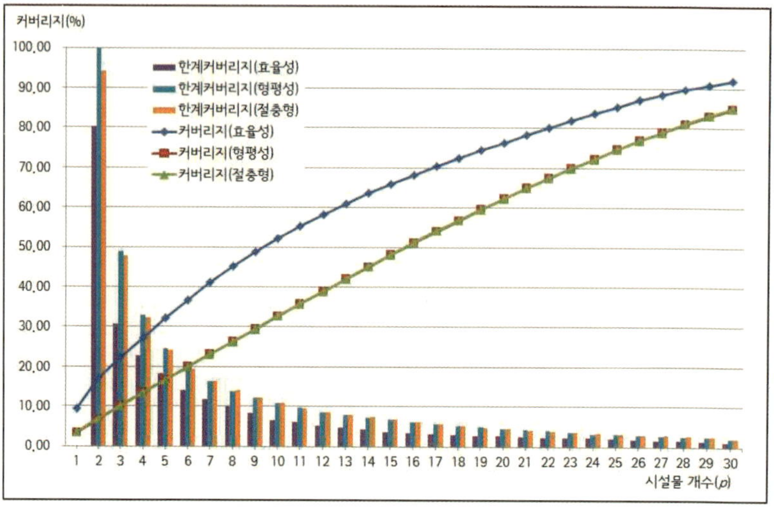

〈그림 4-10〉 시설물 개수에 따른 커버리지와 한계 커버리지(그린필드 후보지)

이라 할 수 있으며, 초기 수요보다 마지막 남은 수요를 커버하기 위해서 상당히 많은 비용이 투입되어야 함을 의미한다(Daskin, 1995). 〈그림 4-10〉은 시설물의 수(비용)와 커버리지 비율의 상쇄 관계를 보여 주는데 특정한 예산 범위에 따른 커버리지 비율과 한계 커버리지를 보여줌으로써 의사결정자에게 유용한 정보를 제공한다.

공간적 효율성을 강조하여 인구 수요를 최적화할 경우 약 50%의 가중화된 수요량을 커버하기 위해서는 9개의 슈퍼 와이파이 AP가 필요한 것으로 나타났다. 30개의 AP 시설을 설치할 경우에는 약 92%의 가중화된 서비스 수요들을 커버할 수 있다. 한편 AP 취약성을 중심으로 공간적 형평성을 강조한 경우, 약 50%의 커버리지를 위해서는 16개의 AP가 필요하며, 30개의 AP로 84.7%만을 커버할 수 있다. 대체적으로 공간적 효율성의 최적해가 공간적 형평성에 기반을 둔 최적해보다 시설물당 평균 커버리지가 높은 것으로 나타났다. 이는 농어촌, 산간 지역과 같은 AP 취약지들이 인구가 집중된 도시권의 인구 수요 분포에 비해 지리적으로 넓은 범위에 분포하고 있어 상대적으로 보다 많은 시설로 커버해야 하기 때문이다. 절충형의 경우 공간적 형평성 최적해와 비슷한 커버리지 패턴을 보이고 있는데(16개 AP: 51% 커버리지, 30개 AP: 85% 커버리지), 평균 커버리지는 공간적 형평성 모델보다 약간 높은 것을 알 수 있다. 이는 절충형 모델의 최적 AP 입지들이 지리적으로 분산되어 있는 AP 취약지들의 수요를 최대한 커버하면서 아울러 군집화된 인구 수요 역시 최대한 커버하고 있기 때문이다. 하지만 한계 커버리지의 경우 공간적 형평성 모델이 가장 높으며, 그 다음으로 절충형, 공간적 효율성 모델의 순서를 보였다. 즉 공간적 형평성 모델과 절충형 모델은 공간적 효율성 모델에 비해 평균 커버리지는 낮지만, 단위 시설물 설치에 따른 커버리지 증가율은 공간적 효율성 모델보다 높아 추가적인 예산 투입에 따른 효율성은 더 큰 것으로 나타났다. 한편 입지할 시설물의 수가 많아짐에 따라 최적해를 도출하는 데 드는 계산 시간 역시 크게 증가하는데, 특히 공간적 형평성 모델의 경우 27개 이상의 AP 입지 문제를 해결하기 위해서는 수시간이 넘게 소요되었다.

〈그림 4-11～4-13〉은 10개의 AP 최적 입지안과 커버리지의 공간적 분포를 보여 준다. 각 수요 조건에 따른 최적해들은 수요 분포의 특성을 반영하는데, 공간적 효율성 모델의 최적 입지는 대개 지역 도시권에 높은 인구 수요가 분포하고 있는 수도권의 도시 지역에 집중되었으며, 그 외 경북 경주・영천, 김천・상주, 경남 창원・진주, 전북 전주와 같은 지역 도시권과 제주도에 위치하였다. 반면 공간적 형평성 모델의 최적 입지는 수도권과 지역 도시권을 제외한 포천・철

원·양구·인제 등의 접경 지역과 태백·봉화·울진·문경·보은 등 경북 내륙 산간 일대, 거창·산청·합천 등 경남 산간 일대, 정읍·임실·순창·고창 등의 전라도 농촌 지역, 그리고 전라도 남해안의 해안 일대 등에 위치하였다. 절충형 모델의 경우, 인구 수요와 AP 취약성이 동시에 고려된 특성을 반영하여 다른 두 모델의 최적 입지 특성이 혼합되어 나타났다. 구체적으로 공간적 형평성의 최적 입지안과 유사한 입지를 보이면서 접경 지역 대신 공간적 효율성 모델의 수도권 일대 최적 입지가 포함되었다. 이 최적해들은 각각 52%(효율성), 32%(형평성), 32%(절충)의 가중화된 수요량을 커버하고 있으며, 커버되는 수요지의 개수 측면에서는 502개(27.9%), 550개(30.4%), 550개(30.4%)로 공간적 효율성 모델이 형평성 및 절충형 모델보다 낮게 나타났다. 수요 조건에 따라 가중된 수요량과 수요지 개수의 차이는 인구 수요량이 도시권에 군집된 패턴을 보이는 반면 AP 취약지들은 상대적으로 분산된 분포를 보이기 때문이다. 다시 말해, 동일한 개수의 AP를 입지시킬 때 공간적 효율성 모델은 다른 모델들보다 적은 수의 군집된 수요지를 커버하지만 실제 가중된 수요량은 훨씬 더 많이 커버한다. 한편 수요 조건에 상관없이 가중화된 수요량의 커버리지는 수요지 개수보다 모두 높게 나타나고 있음을 알 수 있다.

〈그림 4-14~4-16〉은 그린필드 후보지의 30개 AP 최적해와 커버리지를 보여 준다. 공간적 효율성의 경우 92.07%의 커버리지를 보이며, 공간적 형평성 모델은 84.72%, 절충형 모델은 85.05%의 커버리지를 보였다. 커버되는 수요지 개수는 각각 1,452개(80.62%), 1,513개(84.01%), 1,515개(84.12%)이다.

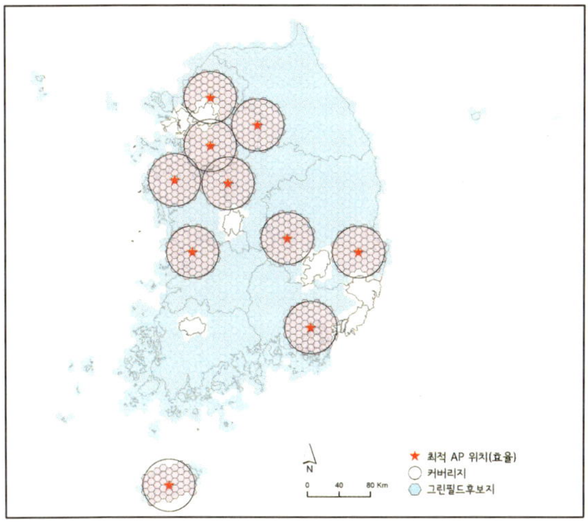

p=10, 그린필드 후보지.

〈그림 4-11〉 공간적 효율성 모델의 슈퍼 와이파이 최적 입지

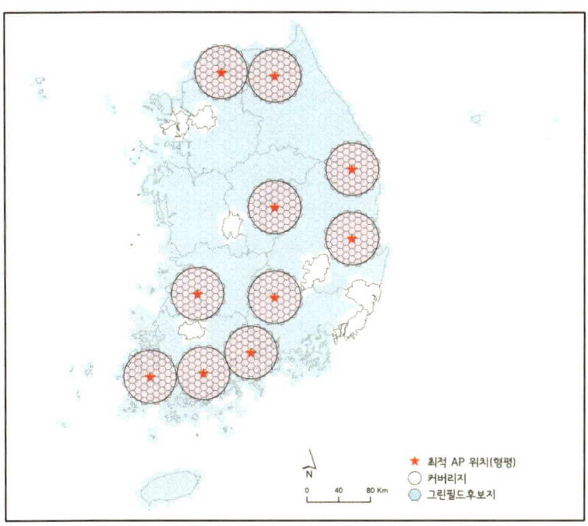

p=10, 그린필드 후보지.

〈그림 4-12〉 공간적 형평성 모델의 슈퍼 와이파이 최적 입지

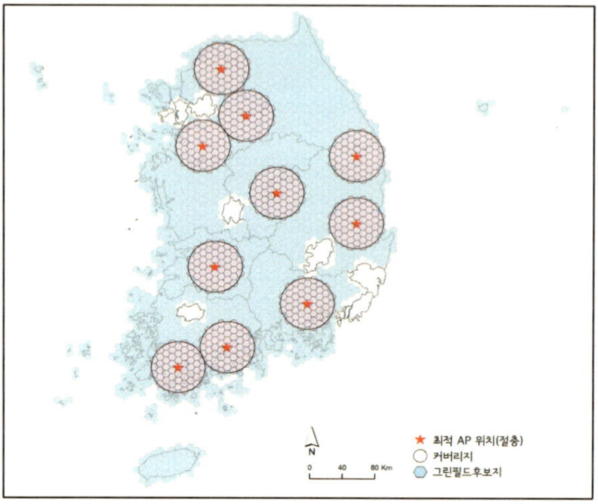

p=10, 그린필드 후보지.

〈그림 4-13〉 절충형 모델의 슈퍼 와이파이 최적 입지

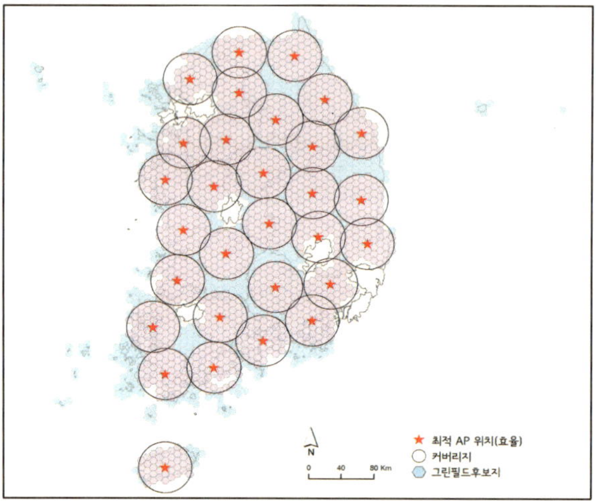

p=30, 그린필드 후보지.

〈그림 4-14〉 공간적 효율성 모델의 슈퍼 와이파이 최적 입지

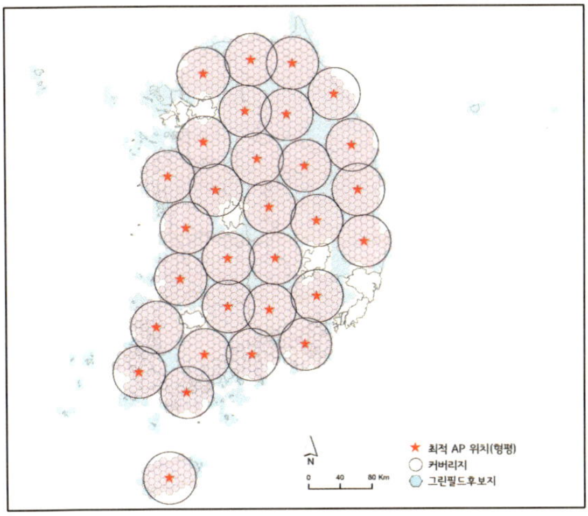

p=30, 그린필드 후보지.

〈그림 4-15〉 공간적 형평성 모델의 슈퍼 와이파이 최적 입지

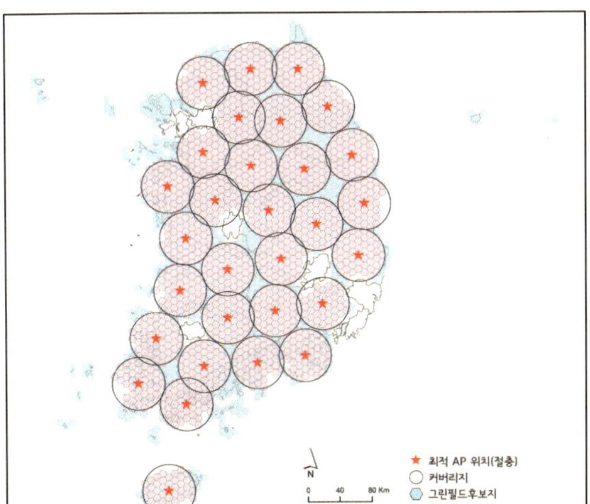

p=30, 그린필드 후보지.

〈그림 4-16〉 절충형 모델의 슈퍼 와이파이 최적 입지

〈표 4-5〉 주파수 입지 후보지에 대한 최적화 결과

p	공간적 효율성($\alpha = 1$)			공간적 형평성($\alpha = 0$)			절충형($\alpha = 0.5$)		
	목적함수	커버리지 (%)	시간(s)	목적함수	커버리지 (%)	시간(s)	목적함수	커버리지 (%)	시간(s)
1	1211.17	9.43	1.08	5020.59	3.37	1.22	2858.20	3.53	1.05
2	2181.57	16.99	1.22	10025.84	6.73	0.59	5547.79	6.86	1.92
3	2832.91	22.07	2.22	14922.71	10.02	1.53	8200.20	10.14	1.45
4	3454.70	26.91	0.73	19793.80	13.29	1.68	10842.21	13.40	1.83
5	4069.84	31.70	0.78	24634.04	16.54	1.72	13468.63	16.65	1.51
6	4644.16	36.17	1.50	29455.88	19.78	1.81	16077.46	19.87	2.54
7	5198.87	40.49	0.72	34190.11	22.95	2.51	18663.86	23.07	2.40
8	5735.40	44.67	2.14	38910.85	26.12	1.78	21205.06	26.21	2.59
9	6158.48	47.97	2.26	43548.18	29.24	2.03	23736.65	29.34	1.98
10	6573.02	51.20	1.37	48179.70	32.35	1.75	26266.46	32.47	1.28
11	6974.61	54.33	2.09	52769.95	35.43	2.90	28783.82	35.58	1.83
12	7327.89	57.08	1.40	57350.28	38.50	2.82	31300.03	38.69	2.54
13	7680.65	59.82	2.42	61917.82	41.57	1.73	33773.59	41.75	2.81
14	8013.49	62.42	1.28	66476.44	44.63	1.50	36224.70	44.78	1.93
15	8324.00	64.84	2.75	70974.96	47.65	2.78	38647.99	47.78	2.09
16	8633.79	67.25	1.79	75361.88	50.59	1.51	41070.59	50.77	3.00
17	8931.43	69.57	2.48	79693.92	53.50	2.00	43382.17	53.63	2.76
18	9204.45	71.69	2.32	83890.94	56.32	2.72	45595.06	56.36	3.40
19	9465.41	73.73	2.09	87992.86	59.07	2.47	47820.06	59.11	2.61
20	9712.77	75.65	2.67	91926.40	61.72	3.25	49976.38	61.78	2.95
21	9955.09	77.54	2.40	95658.90	64.22	5.18	52078.66	64.38	2.50
22	10184.03	79.32	2.14	99342.53	66.69	4.59	54116.93	66.90	2.39
23	10408.55	81.07	3.17	102769.54	69.00	5.86	56075.77	69.32	2.75
24	10623.26	82.74	2.64	106120.33	71.24	6.97	57885.38	71.56	5.34
25	10823.20	84.30	4.71	109266.01	73.36	7.92	59632.99	73.72	4.71
26	11019.53	85.83	4.38	112330.53	75.41	10.55	61295.39	75.77	9.28
27	11208.01	87.30	3.95	115351.12	77.44	9.75	62950.06	77.82	8.78
28	11377.03	88.62	4.84	118348.68	79.45	9.89	64538.73	79.78	10.51
29	11515.61	89.70	7.35	120933.77	81.19	36.44	65924.21	81.49	34.65
30	11661.44	90.83	7.44	123452.13	82.88	43.91	67298.80	83.19	65.19

주파수에 기반한 후보지의 최적화 결과는 〈표 4-5〉에 제시되어 있다. 수요 조건에 따른 커버리지의 패턴은 그린필드 후보지처럼 공간적 효율성 기반의 최적해가 형평성, 절충형 기반의 최적해보다 평균 커버리지가 높으며, 절충형 모델이 형평성 모델보다 높게 나타났다(예: $p=30$, 90.8%(효율성)>83.2%(절충형)>82.9%(형평성). 각 수요 조건에 따른 커버리지 비율 역시 그린필드 후보지와 거의 유사한 패턴을 보였다. 다만 동일한 수요 조건과 동일한 개수의 AP 입지가 주어졌을 때, 그린필드 후보지에 비해 주파수 기반 후보지의 최적해가 다소 낮은 커버리지 비율을 보였다(예: 공간적 효율성 모델($p=30$), 92.1%(그린필드)>90.8%(주파수)). 이는 최적화 모델의 차이가 아니라 각 후보지의 공간적 배열에 따라 제약조건들을 만족시키는 가능해(feasible solution)가 서로 다르기 때문이다. 예컨대 그린필드 후보지에서 최적 입지로 선정된 한 지점이 주파수 기반 후보지에서는 가능해에 포함되지 않을 수 있다.

〈그림 4-17~4-19〉에서 볼 수 있는 것처럼, 실제 최적 AP 입지 역시 수요 조건별로 그린필드 후보지 최적해와 거의 유사한 위치로 선정하였지만, 가능해의 위치에 따라 약간의 차이를 보였다. 10개의 AP를 입지시켰을 때 주파수 기반 후보지의 최적해는 수요 조건에 따라 51.2%(효율성), 32.4%(형평성), 32.5%(절충)의 커버리지를 보이며, 커버되는 수요지의 개수는 각각 485개(26.9%), 550개(30.5%), 550개(30.5%)이다.

한편 주파수 기반 후보지에 30개의 AP를 입지시켰을 경우 전체 커버리지는 각 수요 조건에 따라 90.83%(효율성), 82.88%(형평성), 83.19%(절충)의 커버리지를 보였으며 커버되는 수요지의 개수는 각각 1,448개(80.40%), 1,487개(82.57%), 1,487개(82.57%)로 나타났다. 30개 AP에 대한 최적해의 공간적 분포는 〈그림 4-20~4-22〉와 같다.

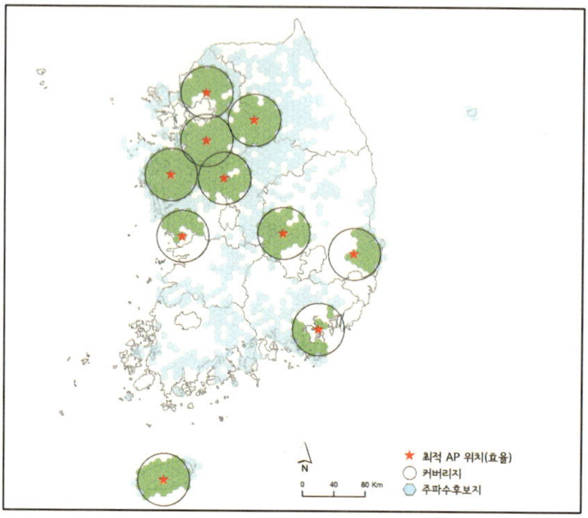

p=10, 주파수 후보지.

〈그림 4-17〉 공간적 효율성 모델의 슈퍼 와이파이 최적 입지

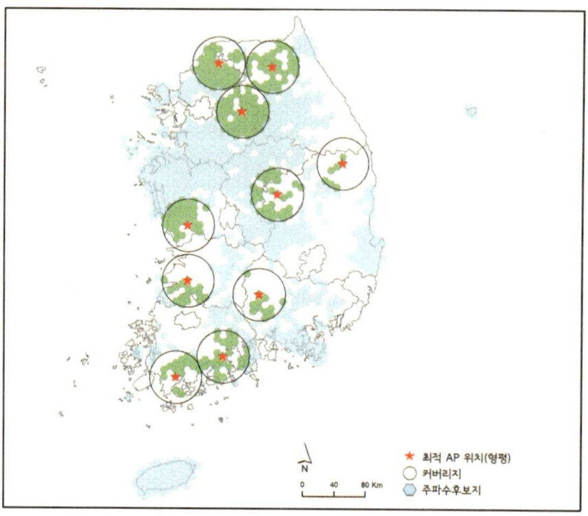

p=10, 주파수 후보지.

〈그림 4-18〉 공간적 형평성 모델의 슈퍼 와이파이 최적 입지

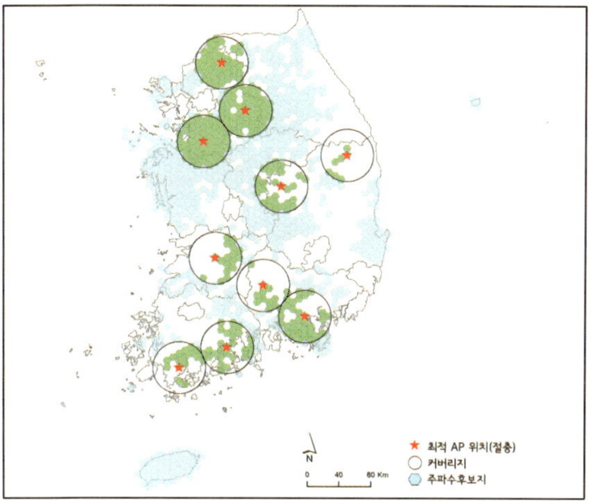

$p=10$, 주파수 후보지.

〈그림 4-19〉 절충형 모델의 슈퍼 와이파이 최적 입지

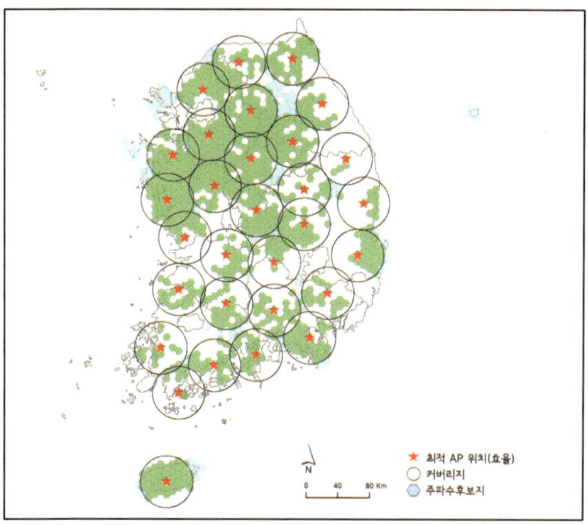

$p=30$, 주파수 후보지.

〈그림 4-20〉 공간적 효율성 모델의 슈퍼 와이파이 최적 입지

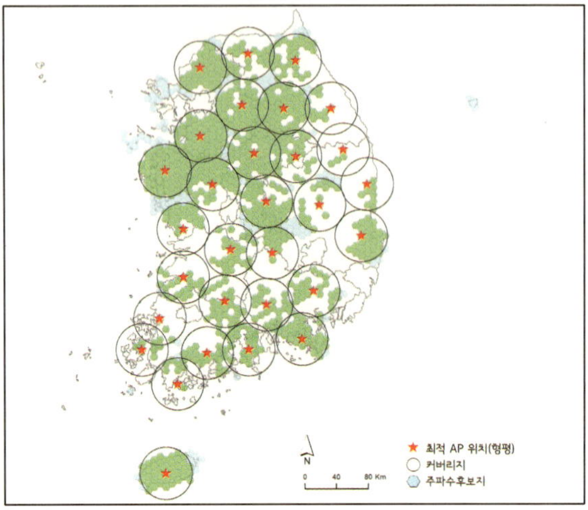

p=30, 주파수 후보지.

〈그림 4-21〉 공간적 형평성 모델의 슈퍼 와이파이 최적 입지

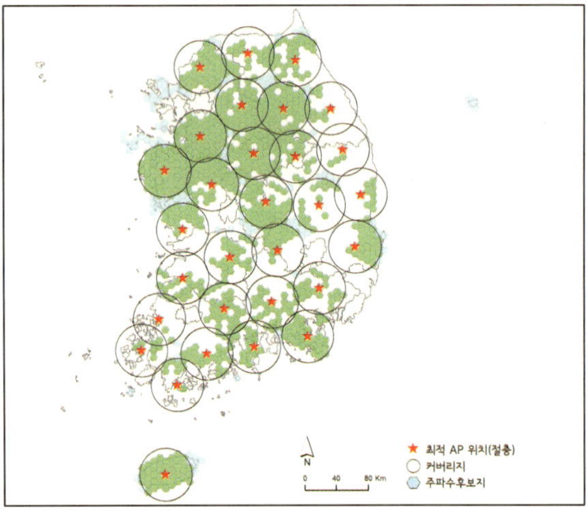

p=30, 주파수 후보지.

〈그림 4-22〉 절충형 모델의 슈퍼 와이파이 최적 입지

〈표 4-6〉 전계강도 입지 후보지에 대한 최적화 결과

p	공간적 효율성($\alpha = 1$)			공간적 형평성($\alpha = 0$)			절충형($\alpha = 0.5$)		
	목적함수	커버리지 (%)	시간(s)	목적함수	커버리지 (%)	시간(s)	목적함수	커버리지 (%)	시간(s)
1	1211.17	9.43	2.06	5012.83	3.37	2.04	2858.20	3.53	1.61
2	2181.57	16.99	1.97	10000.92	6.71	1.33	5547.79	6.86	2.26
3	2848.97	22.19	1.98	14918.71	10.02	0.92	8200.20	10.14	2.06
4	3500.31	27.26	0.66	19817.50	13.30	1.65	10842.21	13.40	2.03
5	4097.84	31.92	1.43	24682.03	16.57	1.90	13468.63	16.65	2.45
6	4653.56	36.25	2.39	29472.71	19.79	1.73	16078.49	19.88	1.81
7	5208.27	40.57	2.53	34230.29	22.98	2.71	18681.38	23.09	1.86
8	5644.84	43.97	2.07	38964.52	26.16	2.07	21283.31	26.31	2.57
9	6057.37	47.18	1.79	43685.26	29.33	1.55	23853.56	29.49	1.95
10	6412.38	49.95	1.61	48316.78	32.44	2.12	26369.77	32.60	2.03
11	6765.31	52.70	1.79	52866.55	35.49	2.78	28880.11	35.70	1.95
12	7114.79	55.42	3.10	57370.89	38.52	2.98	31377.27	38.79	1.44
13	7461.05	58.11	2.25	61861.94	41.53	2.79	33816.20	41.80	1.97
14	7805.32	60.80	1.81	66301.52	44.51	2.56	36165.61	44.71	1.93
15	8143.53	63.43	1.06	70677.74	47.45	1.97	38513.40	47.61	2.03
16	8446.68	65.79	2.59	74916.76	50.30	1.98	40852.17	50.50	2.76
17	8724.69	67.96	2.40	79145.61	53.13	3.31	43176.35	53.37	3.04
18	8996.93	70.08	1.84	83349.37	55.96	3.23	45401.17	56.12	2.89
19	9253.39	72.07	2.17	87292.36	58.60	3.28	47583.44	58.82	3.04
20	9508.41	74.06	1.90	91073.05	61.14	5.34	49648.02	61.37	3.26
21	9742.28	75.88	1.90	94862.92	63.69	7.29	51614.41	63.80	5.79
22	9967.00	77.63	2.31	98601.19	66.20	4.15	53592.56	66.25	4.37
23	10189.01	79.36	2.84	102170.63	68.59	3.20	55485.52	68.59	5.01
24	10406.24	81.05	2.01	105296.30	70.69	5.99	57295.13	70.83	3.04
25	10620.78	82.73	2.57	108515.75	72.85	4.99	58958.39	72.88	6.96
26	10794.40	84.08	2.64	111580.27	74.91	4.09	60601.04	74.91	8.25
27	10949.02	85.28	3.53	114545.49	76.90	5.98	62267.01	76.97	6.33
28	11103.10	86.48	4.49	117268.13	78.73	12.03	63819.48	78.89	6.54
29	11225.84	87.44	5.43	119957.15	80.53	10.17	65324.68	80.75	7.27
30	11348.00	88.39	6.63	122464.32	82.22	8.02	66585.63	82.31	10.87

〈표 4-7〉 수요 조건과 후보지 시나리오에 따른 커버리지 비교

P	공간적 효율성($\alpha = 1$)			공간적 형평성($\alpha = 0$)			절충형($\alpha = 0.5$)		
	그린필드	주파수	전계강도	그린필드	주파수	전계강도	그린필드	주파수	전계강도
1	9.43	9.43	9.43	3.37	3.37	3.37	3.53	3.53	3.53
2	16.99	16.99	16.99	6.74	6.73	6.71	6.86	6.86	6.86
3	22.19	22.07	22.19	10.04	10.02	10.02	10.14	10.14	10.14
4	27.26	26.91	27.26	13.33	13.29	13.30	13.40	13.40	13.40
5	32.23	31.70	31.92	16.62	16.54	16.57	16.65	16.65	16.65
6	36.74	36.17	36.25	19.89	19.78	19.79	19.88	19.87	19.88
7	41.06	40.49	40.57	23.11	22.95	22.98	23.10	23.07	23.09
8	45.12	44.67	43.97	26.29	26.12	26.16	26.31	26.21	26.31
9	48.88	47.97	47.18	29.47	29.24	29.33	29.53	29.34	29.49
10	52.11	51.20	49.95	32.64	32.35	32.44	32.70	32.47	32.60
11	55.24	54.33	52.70	35.78	35.43	35.49	35.83	35.58	35.70
12	58.15	57.08	55.42	38.89	38.50	38.52	38.95	38.69	38.79
13	60.91	59.82	58.11	41.96	41.57	41.53	42.06	41.75	41.80
14	63.55	62.42	60.80	45.04	44.63	44.51	45.17	44.78	44.71
15	65.91	64.84	63.43	48.11	47.65	47.45	48.22	47.78	47.61
16	68.19	67.25	65.79	51.05	50.59	50.30	51.21	50.77	50.50
17	70.36	69.57	67.96	53.94	53.50	53.13	54.14	53.63	53.37
18	72.39	71.69	70.08	56.77	56.32	55.96	56.97	56.36	56.12
19	74.39	73.73	72.07	59.58	59.07	58.60	59.66	59.11	58.82
20	76.37	75.65	74.06	62.27	61.72	61.14	62.32	61.78	61.37
21	78.24	77.54	75.88	64.92	64.22	63.69	64.93	64.38	63.80
22	80.10	79.32	77.63	67.53	66.69	66.20	67.50	66.90	66.25
23	81.89	81.07	79.36	70.04	69.00	68.59	69.98	69.32	68.59
24	83.68	82.74	81.05	72.32	71.24	70.69	72.30	71.56	70.83
25	85.34	84.30	82.73	74.59	73.36	72.85	74.65	73.72	72.88
26	86.98	85.83	84.08	76.83	75.41	74.91	76.88	75.77	74.91
27	88.43	87.30	85.28	78.89	77.44	76.90	79.08	77.82	76.97
28	89.76	88.62	86.48	80.92	79.45	78.73	81.24	79.78	78.89
29	90.91	89.70	87.44	82.98	81.19	80.53	83.27	81.49	80.75
30	92.07	90.83	88.39		82.88	82.22	85.05	83.19	82.31

* 음영 셀은 평균 커버리지 비율이 공간적 효율성>공간적 형평성>절충형 순서인 최적해를 가리킴.

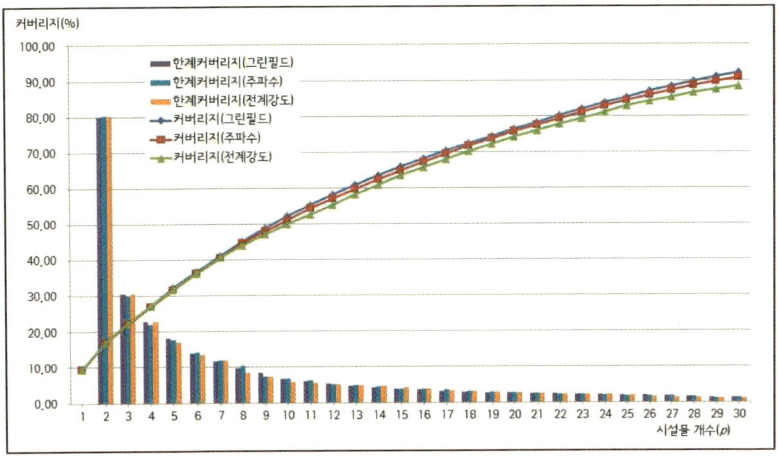

〈그림 4-23〉 입지 후보지별 시설물 개수에 따른 커버리지와 한계 커버리지 (공간적 효율성)

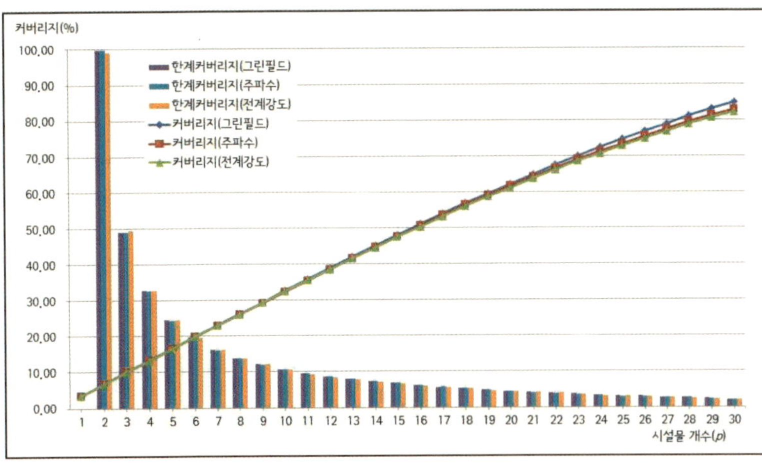

〈그림 4-24〉 입지 후보지별 시설물 개수에 따른 커버리지와 한계 커버리지 (공간적 형평성)

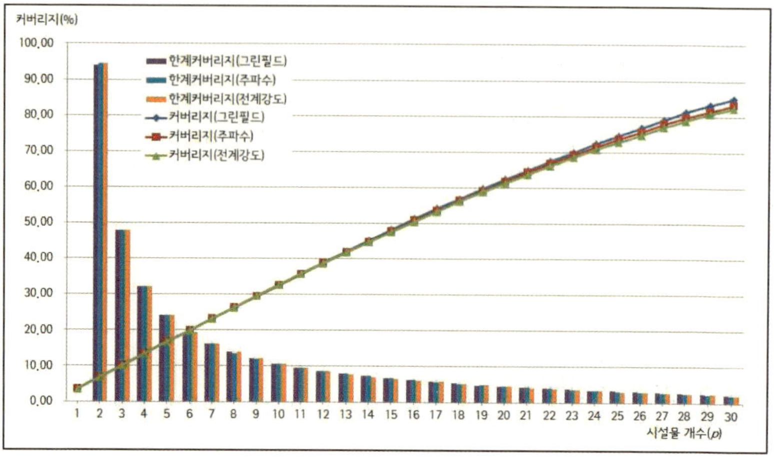

〈그림 4-25〉 입지 후보지별 시설물 개수에 따른 커버리지와 한계 커버리지 (절충형)

〈표 4-6〉은 전계강도에 기반한 후보지의 최적화 결과를 보여 준다. 앞서 살펴본 그린필드, 주파수 후보지의 경우와 유사한 수요 조건별 커버리지 비율 패턴을 보이고 있으며, 수요 조건에 따른 평균 커버리지 역시 공간적 효율성>절충형>공간적 형평성 순서로 나타났다(예: p=30, 88.4%(효율성)>82.3%(절충형)>82.2%(형평성)). 각 수요 조건에 따른 후보지 간 평균 커버리지를 비교하였을 때에는 대체로 그린필드>주파수>전계강도 후보지의 순서로 나타났다(예: 공간적 효율성(p=30), 92.1%(그린필드)>90.8%(주파수)>88.4%(전계강도)). 하지만 공간적 형평성과 절충형 모델의 경우 후보지 간 평균 커버리지의 차이가 그리 크지 않으며, 시설물의 수가 적은 경우에는 이러한 평균 커버리지의 패턴은 잘 드러나지 않았다(〈표 4-7〉, 〈그림 4-27~4-29〉). 한편 〈그림 4-23~4-25〉에서 보이는 것처럼 후보지 간 한계 커버리지는 크게 차이가 나지 않으며, 다만 수요 조건에 따라 공간적 형평성>

절충형>공간적 효율성 모델의 순서로 한계 커버리지가 높게 나타났다. 이는 앞서 그린필드 후보지에서 언급한 것처럼 공간적 형평성 모델과 절충형 모델은 공간적 효율성 모델에 비해 평균 커버리지는 낮지만, 목적함수의 증가 정도에 따른 효용성은 더 크다는 것을 보여 준다.

〈그림 4-26~4-28〉은 전계강도 후보지에 10개의 AP를 입지시켰을 때의 최적해를 보여 준다. 수요 조건에 따라 50.0%(효율성), 32.4%(형평성), 32.6%(절충)의 커버리지를 보이며, 커버되는 수요지의 개수는 각각 497개(27.6%), 549개(30.5%), 550개(30.5%)이다. 가중된 수요량과 수요지 개수의 관계는 그린필드, 주파수 후보지 모두와 유사한 패턴을 보였다. 전계강도 후보지의 최적 AP들은 가능해의 분포에 따라 약간의 차이는 있지만, 대체로 그린필드와 주파수 기반의 수요 조건별 최적해들과 유사하게 입지하였다. 특히 주파수 후보지보다는 그린필드 후보지의 최적해와 비슷한 분포를 보이고 있음을 시각적으로 확인할 수 있다.

전계강도 기반 후보지에 30개의 AP를 입지시킬 때 수요 조건에 따른 입지 최적해의 커버리지는 공간 효율성 모델의 경우 88.4%, 공간 형평성 모델은 82.2%, 절충형 모델은 82.3%를 보였으며, 커버된 수요지의 개수는 각각 1,391(77.2%), 1,466(81.4%), 1,469 (81.6%)이다. 〈그림 4-29~4-31〉은 수요 조건에 따른 30개 AP의 최적 입지를 보여 준다.

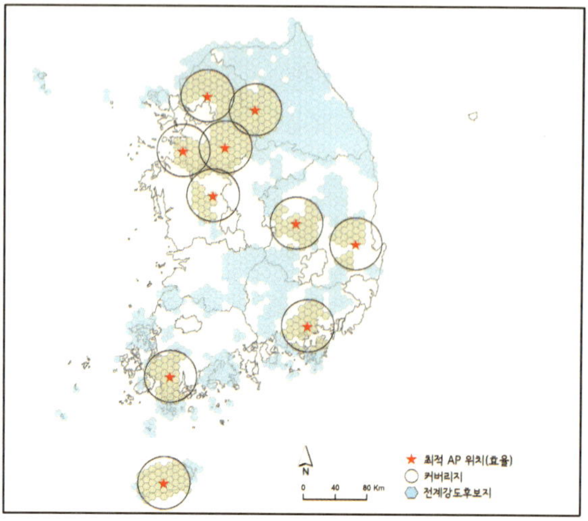

p=10, 전계강도 후보지.

〈그림 4-26〉 공간적 효율성 모델의 슈퍼 와이파이 최적 입지

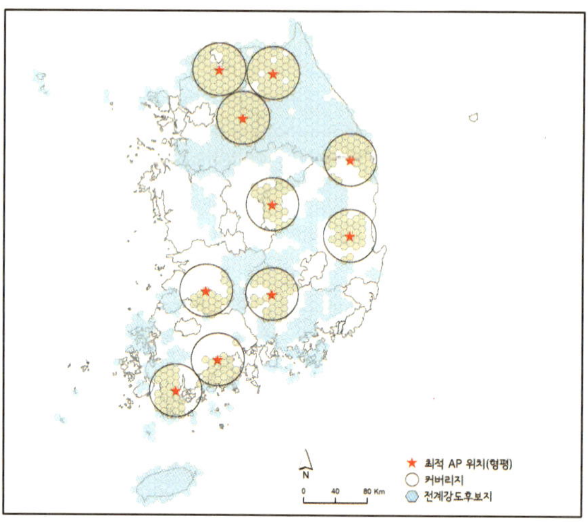

p=10, 전계강도 후보지.

〈그림 4-27〉 공간적 형평성 모델의 슈퍼 와이파이 최적 입지

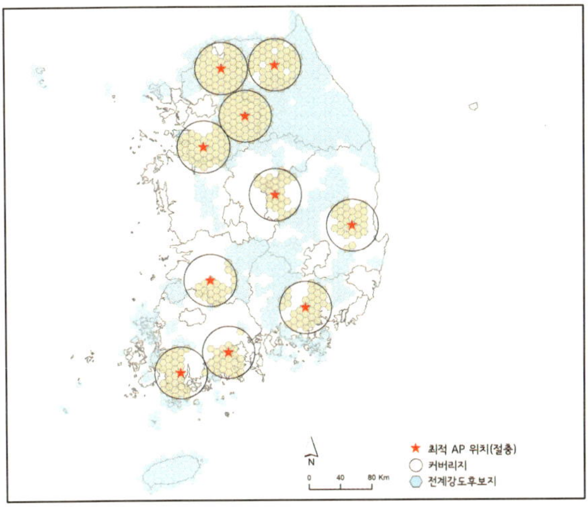

$p=10$, 전계강도 후보지.

〈그림 4-28〉 절충형 모델의 슈퍼 와이파이 최적 입지

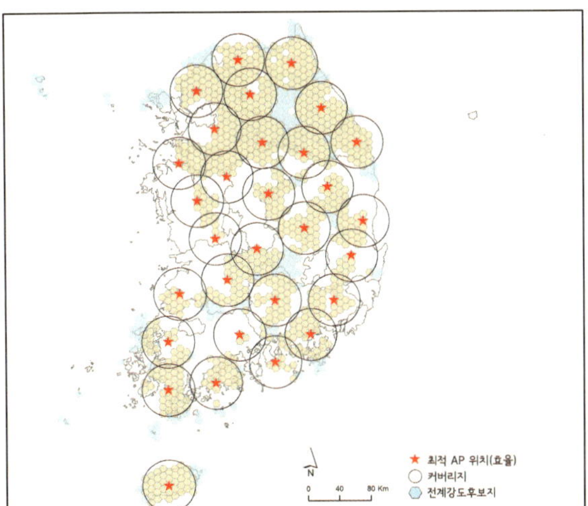

$p=30$, 전계강도 후보지.

〈그림 4-29〉 공간적 효율성 모델의 슈퍼 와이파이 최적 입지

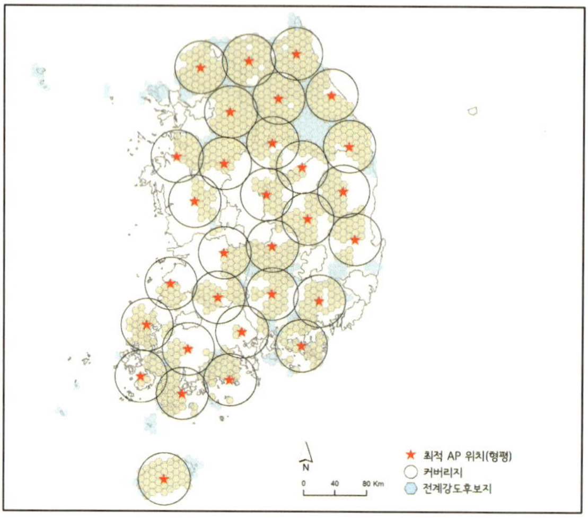

p=30, 전계강도 후보지.

〈그림 4-30〉 공간적 형평성 모델의 슈퍼 와이파이 최적 입지

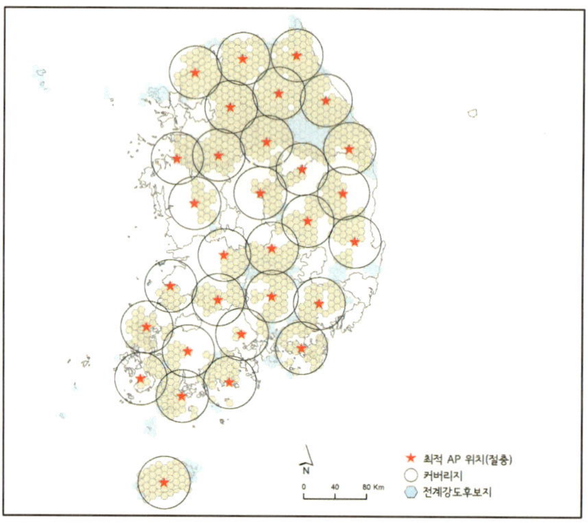

p=30, 전계강도 후보지

〈그림 4-31〉 절충형 모델의 슈퍼 와이파이 최적 입지

2. 도시형 소출력 슈퍼 와이파이 입지 최적화

1) 공간 최적화 모델

이 절에서는 슈퍼 와이파이 기술 표준 중 소출력 서비스 모델(IEEE 802.11af)에 초점을 맞추어 도시 지역 내의 음영 지역을 보완하는 인프라 구축을 목적으로 한다. 일반적으로 도시형의 소출력 서비스 모델은 광역 커버리지 서비스 모델에 비해 상대적으로 작은 서비스 범위를 가지기 때문에 특정 도시권 단위(서울특별시 및 광역시)의 미시적 스케일에서 최적 입지를 살펴보았다. 입지 최적화 수리 모델로는 셋 커버링 입지 모델(LSCP)을 적용했는데, 이 모델은 최소한의 시설물로 모든 수요를 커버할 수 있는 최적해를 도출할 수 있기 때문에 기존의 와이파이 시설이 서비스하지 못하는 도시 내 음영 지역을 슈퍼 와이파이 입지를 통해 커버하고자 하는 본 연구의 목적에 가장 적합한 모델이다.

LSCP는 Toregas et al.(1971)과 Toregas and ReVelle(1973)에 의해 소개되었는데, 최소 개수의 시설물로 특정한 지리적 범위의 서비스 수요를 모두 커버하도록 한다. MCLP가 시설물의 수를 외부적으로 정의하여 정해진 시설물의 수에 따라 커버리지를 최대화하는 반면, LSCP는 목적함수 자체가 입지할 시설물의 개수를 최소화하는 것으로 제약조건을 만족시키는 최소한의 시설물의 개수를 자동으로 도출해 준다. 따라서 LSCP는 총 시설물의 개수로 대변될 수 있는 총 비용의 현실적 제약을 고려하지 않기 때문에 비용에 따라 가변적인 대안들을 제공할 수 있는 MCLP에 비해 다소 제한적이다. 하지만 모든 수요 지역에 대한 서비스를 제공할 수 있기 때문에 공공 차원에서 전체 수요를 고려해야 하는 소방서, 응급구조시설 등의 공공 서비스 영역에는 매우 유용한 모델이다. 도시형 소출력 슈퍼 와이파이의 입지 문제 역시 이미 상업적 이동통신사들에 의해 포화된 도시 내 와이파이 집중 지역 이외의 인구 희박 지역과 낙후 지역 등 와이파이 소외 지역에 대한 공공 서비스의 일환으로서 현재 꾸준히 설치되고 있는 공공 와이파이의 도시형 광역 버전으로 이해할 수 있으므로 LSCP의 애플리케이션으로 매우 적절하다. 앞 절에서 살펴본 MCLP의 수식 기호를 바탕으로 LSCP의 전형적인 이진 정수선형계획법은 다음과 같다.

목적함수:

$$\text{Minimize} \quad Z = \sum_{j \in J} X_j \tag{9}$$

제약조건식:

$$\sum_{j \in N_i} X_j \geq 1, \quad \forall i \in I \tag{10}$$

$$X_j = \{0,1\}, \quad \forall j \in J \tag{11}$$

여기에서 목적함수 Z는 입지할 시설물 개수의 총합을 의미하는 것으로 총 시설물의 수를 최소화한다. 제약조건식 (10)은 모든 수요 지점 i가 특정한 서비스 거리를 가지는 하나 이상의 시설물에 의해 커버되도록 한다. MCLP의 경우 선정된 시설물들이 서비스하지 못하는 수요 지역들이 발생하는 반면, LSCP는 이 제약조건식을 통해 모든 수요 지역들을 서비스할 수 있고, 이를 위해 필요한 최소 개수의 시설물 입지를 도출할 수 있다. 자연스럽게 MCLP의 시설물 개수 제약

조건식(수식 3)은 모델에 포함되지 않는다. 같은 맥락에서 특정 시설물 입지에 따른 수요의 커버리지와 관련된 결정계수(Y_i) 역시 포함되지 않는다. 제약조건식 (11)은 입지 결정계수의 값이 0 또는 1만 갖도록 제약한다.

2) 공간적 재현 및 데이터

도시형 소출력 슈퍼 와이파이 입지는 서울특별시와 6대 광역시(인천의 경우 강화군과 옹진군 제외)를 대상으로 한다. 광역 커버리지 모델은 수십 킬로미터의 광역 커버리지 특성과 연구 목적상 전국 단위의 거시적 스케일에 적합하지만, 많은 인구와 기존 와이파이들이 집중해 있고, 행정구역 규모가 서비스 범위에 비해 그리 크지 않은 특별·광역시에 미시적으로 적용하기에는 그 유용성이 크지 않다. 반면 도시형 소출력 슈퍼 와이파이는 광역 커버리지 모델에 비해 작은 서비스 범위를 가지며 도시형 광역 와이파이 기술로 적합하다. 따라서 여기에서는 광역 커버리지 모델에서 제외된 특별·광역시를 대상으로 입지 최적화를 수행하였다.

광역 커버리지 모델링과 마찬가지로 도시형 소출력 슈퍼 와이파이 입지 최적화에 앞서 입지시킬 후보지와 수요지에 대한 공간적 재현이 필요한데, 앞 절에서처럼 수리적 계산의 편의성을 위해 입지 모델링에서 널리 사용되는 이산적 공간을 가정하여 일정 간격의 입지 후보지와 수요지를 정의하였다. 특정한 서비스 범위를 가지는 시설물을 이산적 공간에서 모델링할 경우, 후보지나 수요지의 간격 설정이 중요할 수 있다. 즉 지리적 거리로 간주될 수 있는 서비스 범위보다 큰 간격의 후보지나 수요지를 선정할 경우, 특정 수요지에 대해 서비스가 물리적으로 불가능한 비가능해(infeasible solution)가 도출되어 해법이 불가능할 수 있기 때문이다. LSCP의 경우 제약조건식 (10)을 만족시키지 못하는 비가능해가 도출될 수 있다. 따라서 도시형 소출력 슈퍼 와이파이 입지에서는 서비스 도달 범위인 1.6~3.2km(Dolezalek, 2011)를 고려하여 이보다 작은 500m 반경의 육각형망을 생성하였다.

다음으로 각 도시 내 와이파이 음영 지역을 산출하기 위해 기존의 와이파이 서비스 지역과 중복되지 않는 육각형망을 선택하여 입지 후보지와 수요지로 정의하였다. 소출력 서비스 모델의 경우, 잠재적 사용 인구나 AP 취약지를 고려한 초기 입지 계획이 아니라 기존의 와이파이 시스템을 고려한 상태에서 도시 내 와이파이 서비스 소외 지역에 초점을 맞추고 있기 때문에 별도의 수요 조건을 구축하지 않았다. 또한 대상 지역들의 방송 수신 현황(주파수, 수신 강도 등)이 매우 복잡한 관계로 입지 후보지 역시 기존 와이파이 시설의 서비스 지역을 제외한 곳들로 정의하였다. 서울을 비롯한 각 광역시의 입지 후보지와 수요지의 공간적 재현은 〈그림 4-32〉와 같다. 기존의 와이파이 존이 상업지, 주거지와 같이 도시 내 시가화 된 지역에 주로 위치하고 있는 특성을 감안한다면(홍일영, 2010; 이건학, 2012a), 행정구역 규모에 비해 시가화 범위가 작은 도시들이 상대적으로 많은 입지 후보지와 수요지들을 포함하고 있는 것은 자연스러운 결과이다(예: 울산광역시 1,726개, 대구광역시 1,400개).

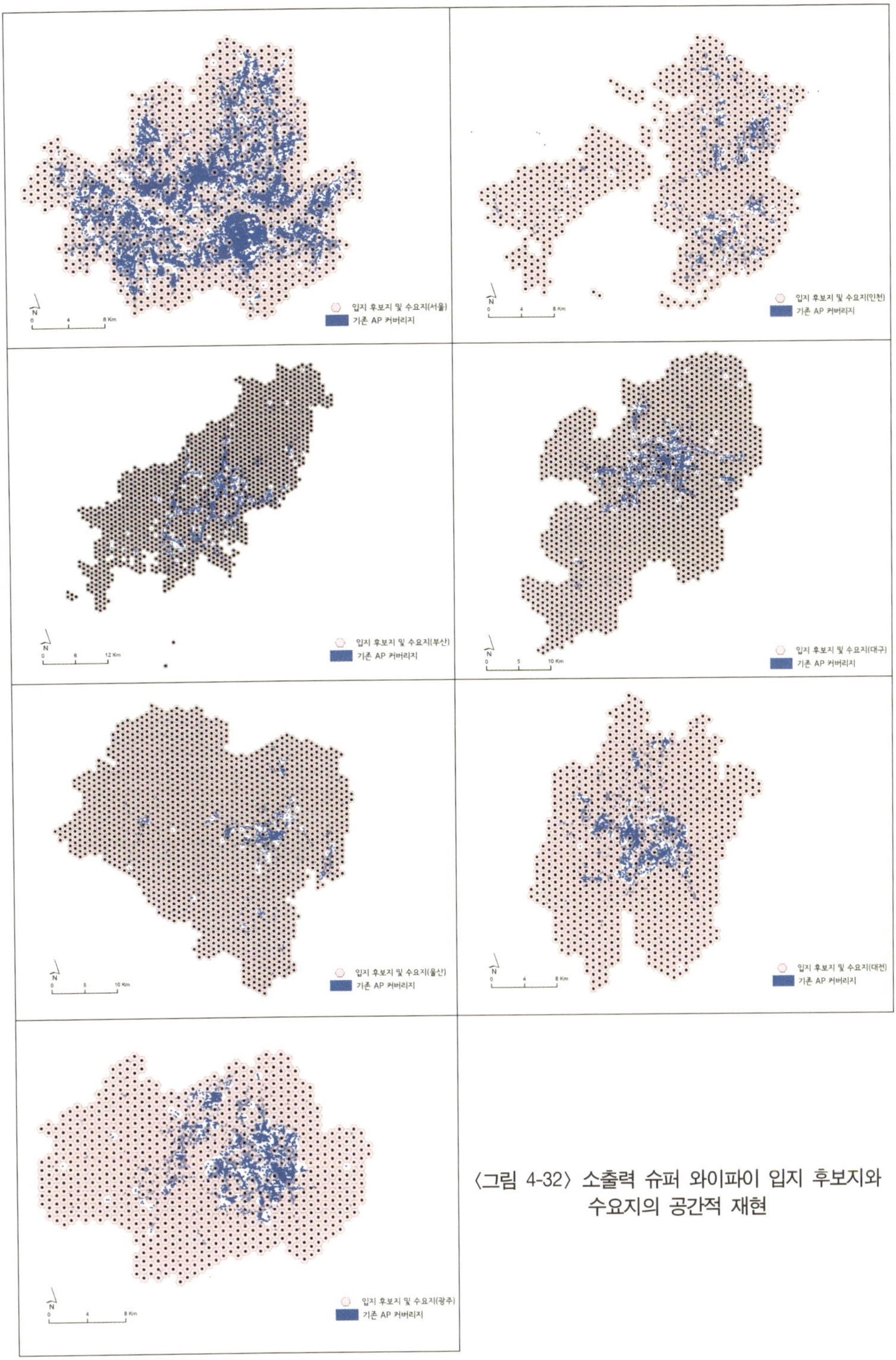

〈그림 4-32〉 소출력 슈퍼 와이파이 입지 후보지와 수요지의 공간적 재현

3) 도시형 소출력 슈퍼 와이파이 최적 입지

여기에서는 앞에서 논의한 공간적 재현을 바탕으로 서울특별시와 6대 광역시의 와이파이 음영 지역을 대상으로 도시형 소출력 슈퍼 와이파이 AP의 공간적 대안들을 살펴본다. 이를 위해 소출력 슈퍼 와이파이의 서비스 가능 범위를 고려하여 1.6km(최소 도달 거리)와 3.2km(최대 도달 거리)의 서비스 거리 패러미터를 모두 적용하여 각각에 대한 최적 입지 대안들을 도출하였다.

〈표 4-8〉에서 볼 수 있는 것처럼, 각 도시들의 와이파이 음영 지역을 모두 커버할 수 있는 최소 개수의 슈퍼 와이파이 입지들이 도출되었다. 모든 수요를 커버하기 위해 필요한 AP 개수는 대체적으로 각 도시의 음영 지역의 수요 규모에 비례하는데, 1.6km 반경 커버리지의 경우 울산, 대구, 부산, 서울, 인천, 대전, 광주 순으로 보다 많은 AP가 필요하였다(3.2km 반경 커버리지의 경우 대구와 부산의 순서만 바뀜). 서비스 커버리지가 커질수록 필요한 AP의 개수는 작아지는데 대상 지역의 경우 커버리지 변화(반경 2배, 면적 4배)에 따른 AP 개수의 평균 감소율은 73.2%이며 대전, 울산, 대구, 인천, 광주, 서울, 부산의 순서로 지역에 따라 약간의 차이를 보였다. 수요지 대비 최소 AP 개수 비율은 1.6km 커버리지의 경우 울산이 9.4%로 가장 낮으며, 그 다음으로 대구(10.1%), 대전(10.5%), 광주(10.5%), 부산(10.8%), 인천(11.3%), 서울(13.2%)의 순서를 보였다. 최소 AP 개수가 1.6km 커버리지의 경우보다 작은 3.2km 커버리지의 최적해는 울산(2.4%), 대구(2.6%), 대전(2.7%), 광주(2.9%), 인천(3.0%), 부산(3.1%), 서울(3.7%) 순으로 수요지 대비 최소 AP 개수 비율이 낮은 것으로 나타났다. 구체적인 목적함수 값을 살펴보면, 1.6km 반경으로 커버리지를 가정할

〈표 4-8〉 지역별 소출력 슈퍼 와이파이 최적화 결과

지역	수요지 (개)	1.6km 커버리지				3.2km 커버리지			AP 감소율 (%)
		목적함수 (개)	수요지 대비 최소 AP(%)	시간 (s)	Optimality Gap(%)	목적함수 (개)	수요지 대비 최소 AP(%)	시간 (s)	
서울	705	93	13.19	21.17	0.00	26	3.69	0.66	-72.04
인천	826	93	11.26	697.82	5.03	25	3.03	0.56	-73.12
부산	1,292	140	10.84	1678.51	6.24	40	3.10	46.74	-71.43
대구	1,400	142	10.14	2956.66	6.98	37	2.64	123.29	-73.94
대전	864	91	10.53	1212.57	7.24	23	2.66	2.28	-74.73
광주	769	81	10.53	1344.65	5.12	22	2.86	2.42	-72.84
울산	1,726	163	9.44	5859.00	6.47	42	2.43	6899.25	-74.23

경우 서울은 총 93개의 AP로 음영 지역을 모두 커버할 수 있으며, 3.2km 반경 커버리지에서는 이보다 약 72% 작은 26개로 모든 음영 지역을 커버할 수 있다. 커버리지 패러미터에 따라 가장 큰 대비를 보이는 지역은 대전으로 1.6km 커버리지에서는 91개, 3.2km 커버리지에서는 23개의 AP가 필요하다.

각 도시 지역의 음영 지역을 모두 커버하는 최소 개수의 슈퍼 와이파이 입지 배열들은 〈그림 4-33~4-39〉에 잘 나타나 있다. 이러한 도시형 소출력 슈퍼 와이파이 입지는 최소 비용으로 와이파이 서비스의 음영 지역들을 효율적으로 보완함으로써 어디에서나 와이파이 기반의 무선 인터넷을 이용할 수 있는 유비쿼터스 환경의 도시 계획에 매우 유용한 참고 자료가 될 수 있을 것이다.

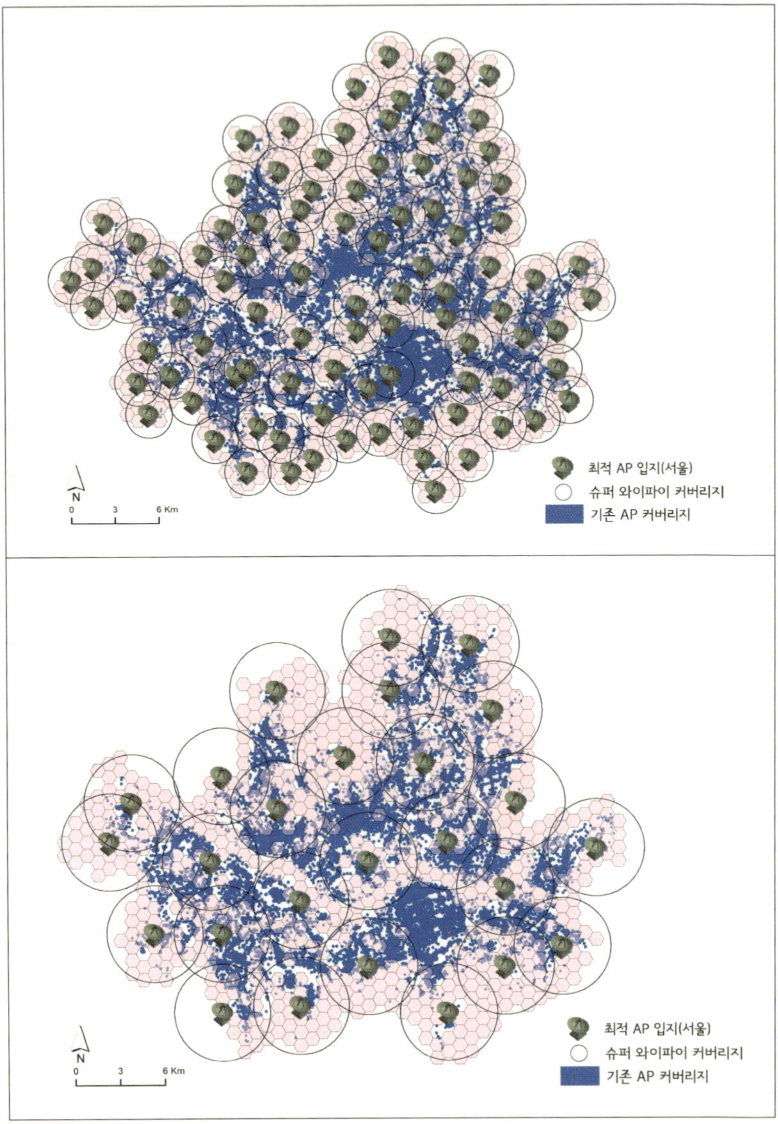

위: 16km 커버리지, 아래: 32km 커버리지.

〈그림 4-33〉 서울의 소출력 슈퍼 와이파이 최적 입지

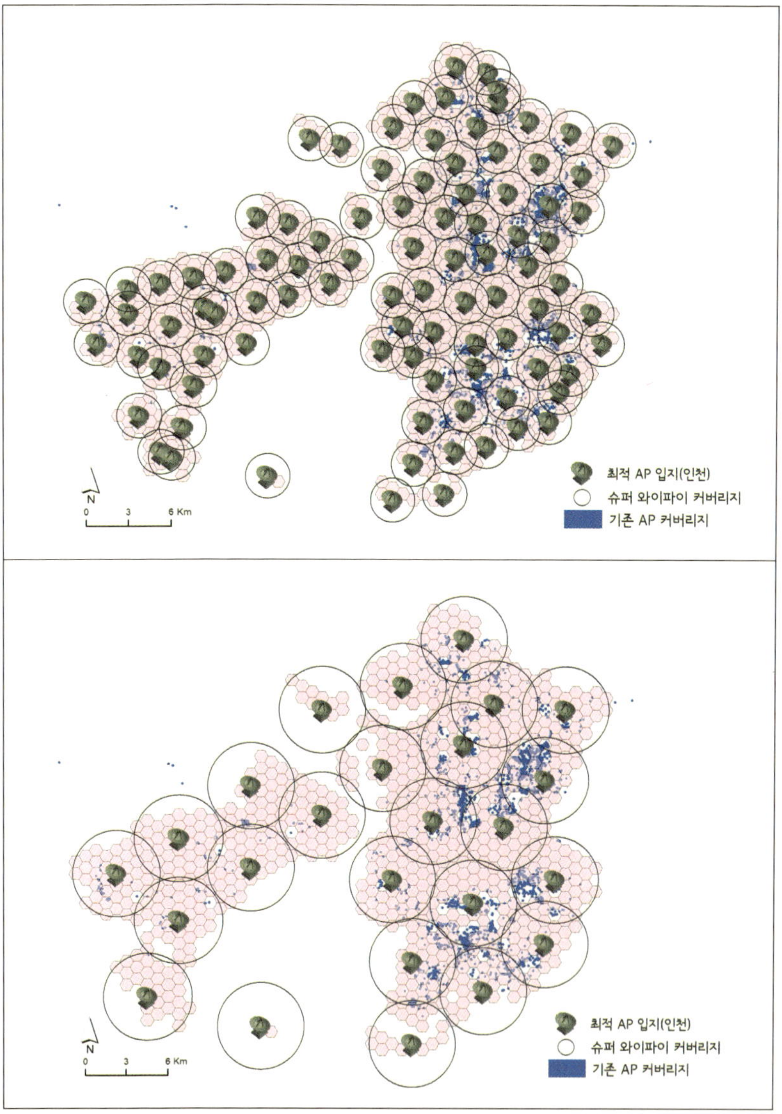

위: 16km 커버리지, 아래: 32km 커버리지.

〈그림 4-34〉 인천의 소출력 슈퍼 와이파이 최적 입지

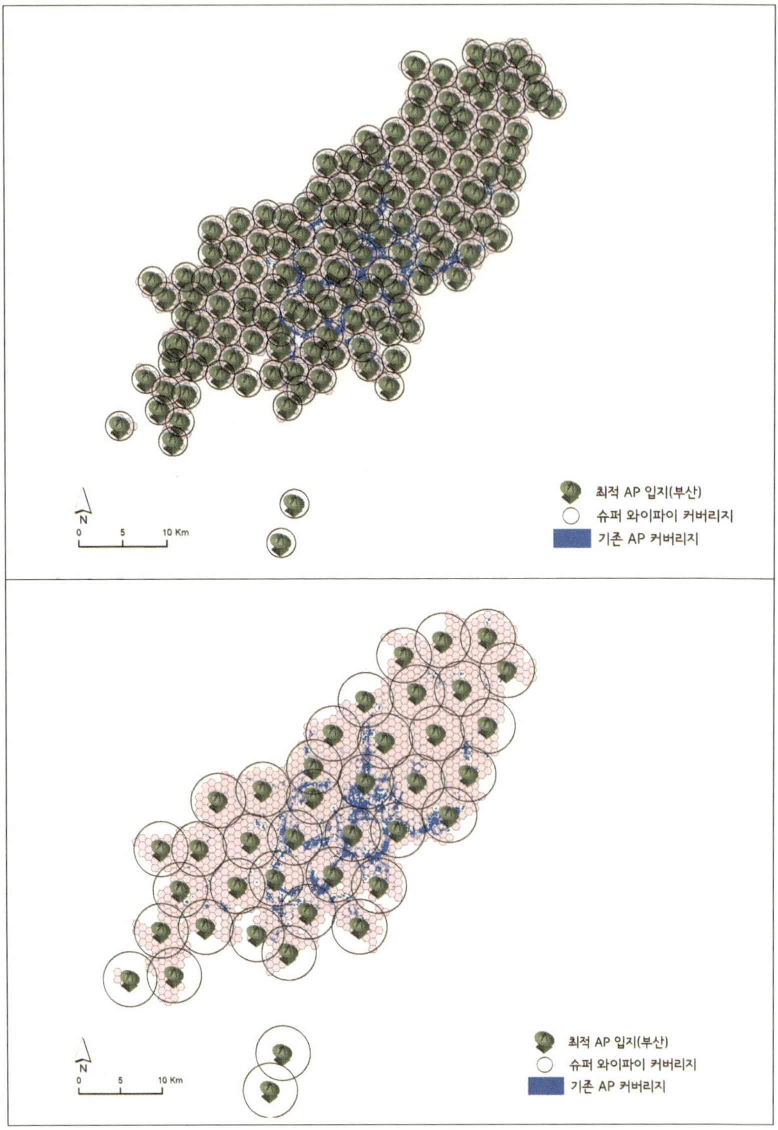

위: 16km 커버리지, 아래: 32km 커버리지.

〈그림 4-35〉 부산의 소출력 슈퍼 와이파이 최적 입지

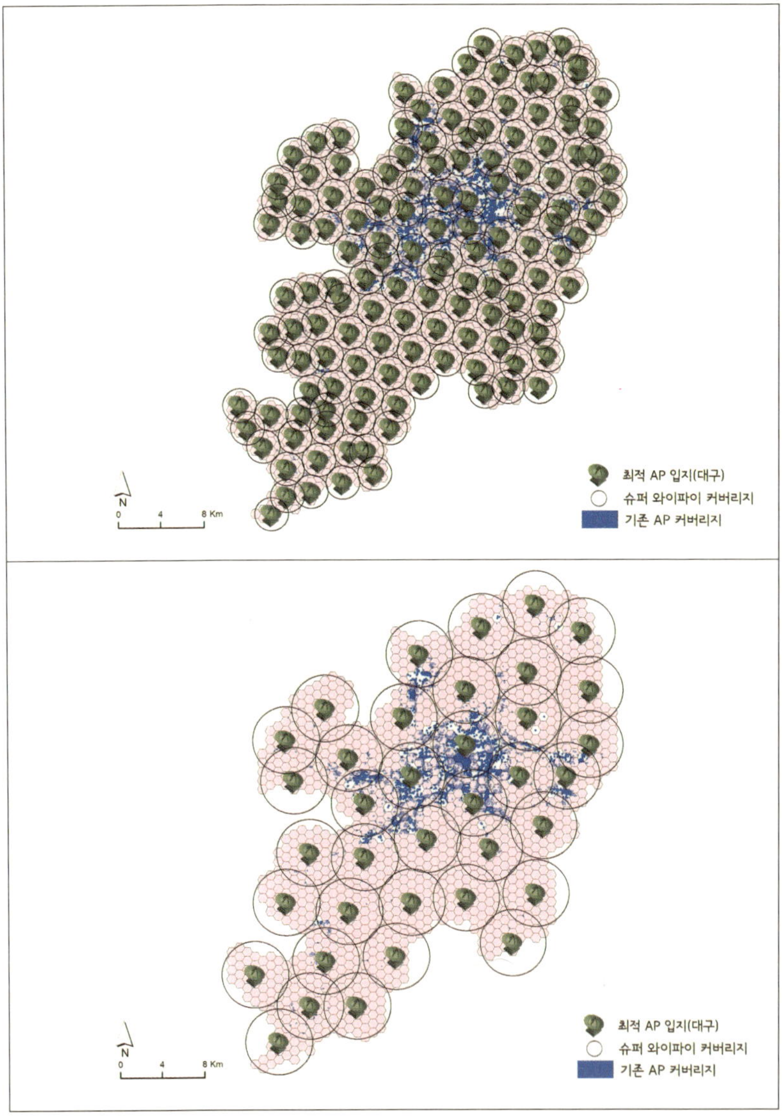

위: 16km 커버리지, 아래: 32km 커버리지.

〈그림 4-36〉 대구의 소출력 슈퍼 와이파이 최적 입지

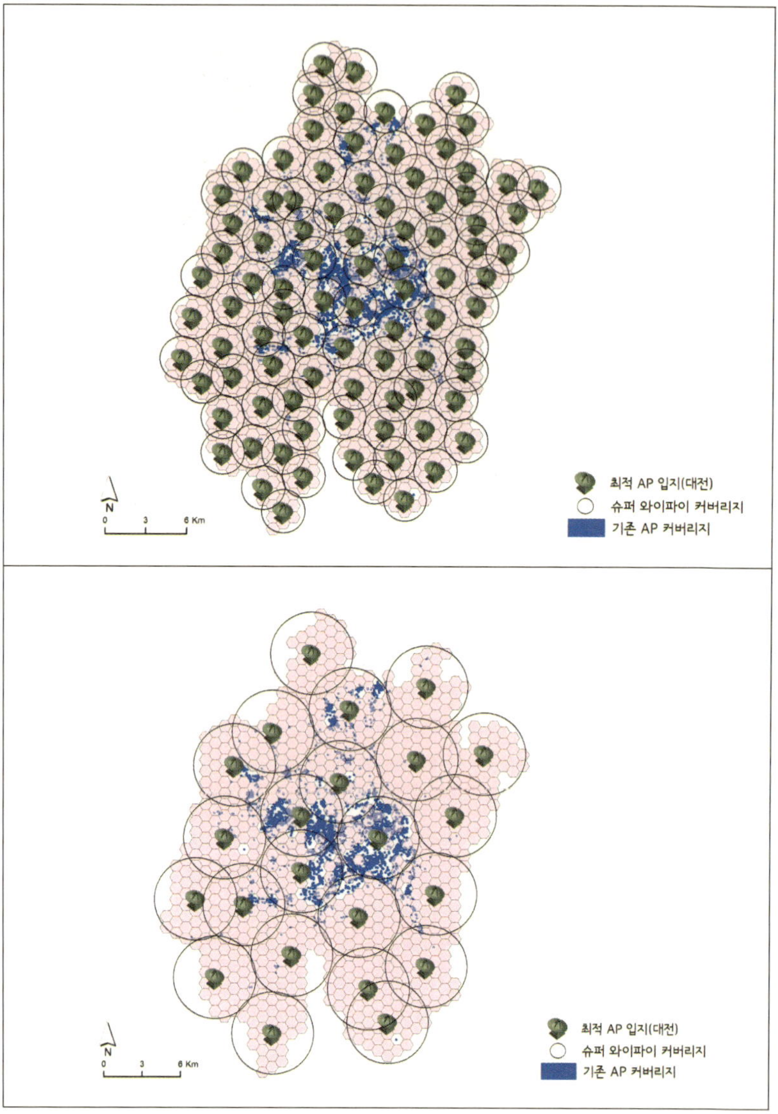

위: 16km 커버리지, 아래: 32km 커버리지.

〈그림 4-37〉 대전의 소출력 슈퍼 와이파이 최적 입지

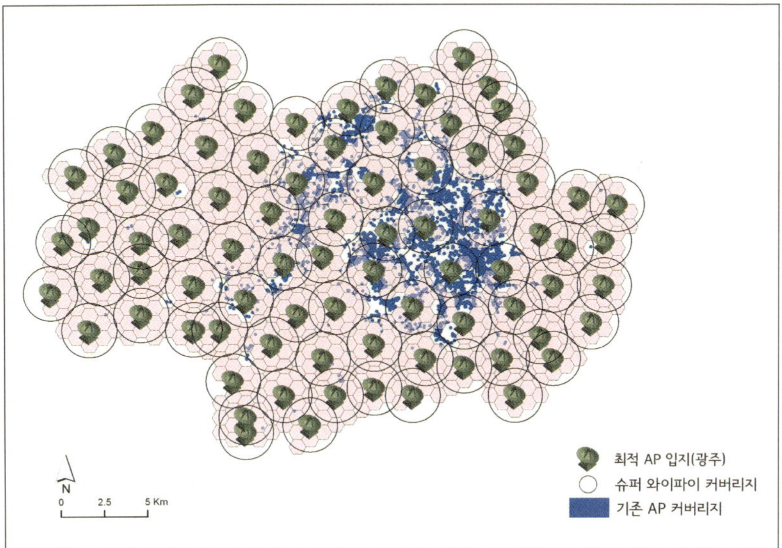

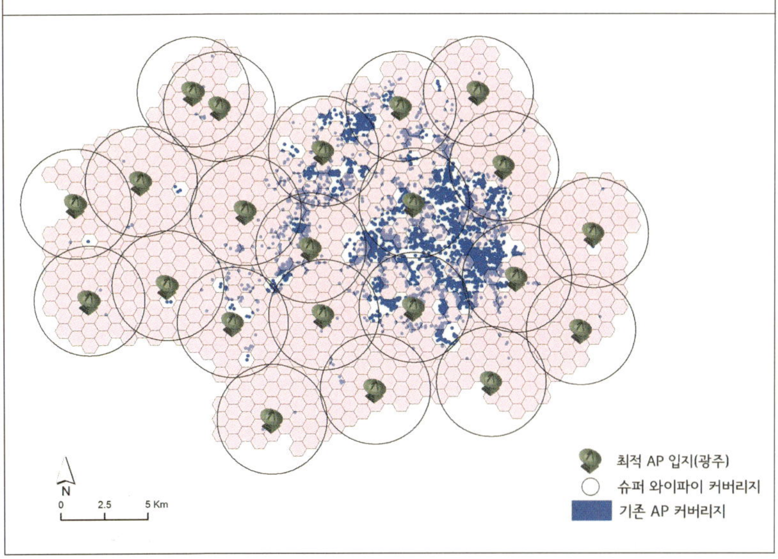

위: 16km 커버리지, 아래: 32km 커버리지.

〈그림 4-38〉 광주의 소출력 슈퍼 와이파이 최적 입지

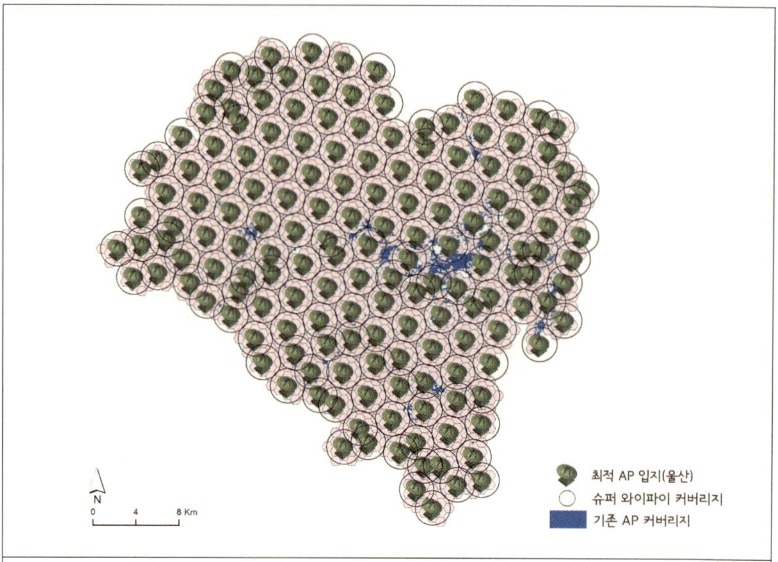

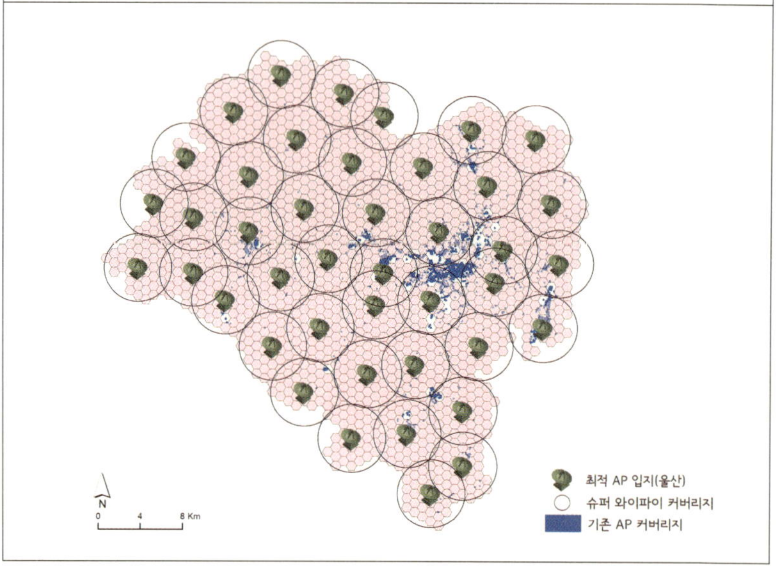

위: 16km 커버리지, 아래: 32km 커버리지.

〈그림 4-39〉 울산의 소출력 슈퍼 와이파이 최적 입지

3. 소 결

본 장에서는 슈퍼 와이파이의 대표적인 기술 표준을 기반으로 광역 커버리지 서비스 모델과 소출력 서비스 모델의 AP 입지 최적화를 살펴보았다. 먼저 소출력 서비스 모델에 비해 서비스 범위가 넓은 광역 커버리지 서비스는 거시적 스케일의 슈퍼 와이파이 AP 계획에 적합한 형태로 특별·광역시를 제외한 전국 지역에 대해 슈퍼 와이파이의 최적 AP 입지 대안들을 살펴보았다. 광역 커버리지 서비스 모델링에서는 슈퍼 와이파이에 대한 일반적인 인구 수요와 기존 AP 인프라 분포가 취약한 AP 취약지에 대해 입지 우선도를 유연하게 고려할 수 있는 이목적 최적화 계획을 수행함으로써 다양한 수요 시나리오(공간적 효율성, 공간적 형평성, 절충형)에 따른 최대 커버리지 입지(MCLP) 최적해를 도출하였다. 또한 AP의 설치에 아무런 공간적 제약이 없는 입지 후보지뿐 아니라 슈퍼 와이파이 도입에 쟁점인 기존 방송 영역과의 간섭을 공간적 측면에서 최대한 피할 수 있도록 주파수 기반(DTV 방송용 주파수 대역 제외한 698~806MHz 주파수 대역이 우월한 지역들), 전계강도 기반(방송 수신이 양호한 방송 수신 구역을 제외한 41dBuV/m 미만의 신호 수신 지역들)의 여러 입지 후보지를 고려하였다.

최대 33km의 서비스 커버리지를 가정한 슈퍼 와이파이 AP의 총 270개 모델(30개 AP 입지×세 가지 수요 조건×세 가지 후보지 시나리오)에 대한 최적화 결과를 살펴보면 다음과 같다. 먼저 수요 시나리오에 상관없이 모든 모델에서 시설물의 수를 늘릴수록 커버리지 비율이 증가하며, 단위 시설물 증설에 따른 커버리지 증가율인 한계 커버리지는 시설물 수가 늘어날수록 감소하는 경향을 보였다. 수요 시나리오별 결과를 살펴보면, 인구 수요에 초점을 맞춘 공간적 효율성 모델이 AP 취약지를 우선하는 공간적 형평성 모델이나 절충형 모델보다 동일 개수의 AP로 보다 높은 커버리지를 보장할 수 있었으며, 공간적 형평성과 절충형 모델은 매우 유사한 커버리지 패턴을 보였다. 예컨대, 50%의 가중화된 수요량을 커버하는데 공간적 효율성 모델은 9개의 AP가 필요하고, 공간적 형평성 및 절충형 모델은 약 2배에 해당하는 16개의 AP가 필요한 것으로 나타났다. 또한 30개의 AP로 커버리지를 최대화할 때 공간적 효율성의 경우 90% 이상의 커버리지를 보장할 수 있는 반면, 공간적 형평성과 절충형은 85% 미만의 커버리지를 나타냈다. 평균 커버리지 역시 공간적 효율성 모델이 공간적 형평성 모델보다 높게 나타났다. 이는 공간적 형평성의 최적해가 지리적으로 넓은 범위에 분포하고 있는 농어촌, 산간 지역과 같은 AP 취약지들에 초점을 맞추는 반면 공간적 효율성 최적해는 주로 도시권에 집중하여 분포하고 있는 인구 수요를 우선적으로 커버하기 때문에 나타난 특성이라 할 수 있다. 절충형 모델의 경우 지리적으로 분산되어 있는 AP 취약지들의 수요뿐 아니라 군집화된 인구 수요도 동시에 고려하고 있어 평균 커버리지는 공간적 효율성보다는 낮지만 공간적 형평성보다는 높은 결과를 보였다. 한계 커버리지의 경우 공간적 형평성 모델이 공간적 효율성 모델보다 높게 나타나 추가적인 예산 투입에 따른 효율성은 공간적 효율성 모델보다 높음을 보여주고 있다. 한편 실제적인 공간 대안들의 분포는 각 수요 시나리오에 따른 수요 분포의 특성을 많이 반영하고 있다. 공간적 효율성의 최적 AP 입지들은 인구 수요가 많이 분포하고 있는 수도권 도시 지역이나, 경북 경주·영천, 김천·상주, 경남 창원·진주, 전북 전주와 같은 지역 도시권에 주로 위치하였음을 알 수 있다. 이와 달리 공간적 형평성 모델의 AP들은 수도권과 지역 도시권을 제외한 포천・철원・양구・인제 등의 접경 지역과 태백・봉화・울진・문경・보은 등 경북 내륙 산간 일대, 거창・산청・합천 등 경남 산간 일대, 정읍・임실・순창・고창 등의 전라도 농촌 지역, 그리고 전라도 남해안의 해안 일대 등에 위치하고 있다. 한편, 절충형 모델은 인구 수요와 AP 취약성 분포 특성이 고루 반영된 AP 입지들이 도출되었다.

후보지 시나리오(공간 제약이 없는 그린필드 후보지, 주파수 기반 후보지, 전계강도 기반 후보지)에 따른 커버리지 패턴은 수요 조건별로 유사하게 나타났다. 즉 모든 후보지 시나리오에서 공간적 효율성 최적해의 평균 커버리지가 형평성, 절충형 기반의 최적해보다 높게 나타났으며, 한계 커버리지의 경우 공간적 형평성, 절충형, 공간적 효율성 모델순으로 높게 나타났다. 동일한 수요 조건에서의 평균 커버리지는 대체로 그린필드, 주파수, 전계강도 후보지의 순으로 높게 나타나 그린필드 후보지의 최적 입지 대안이 동일한 개수의 AP로 보다 많은 지역을 커버할 수 있음을 보였지만, 그 차이는 크지 않다(30개 AP를 설치한 공간적 효율성 모델에서 그린필드 후보지는 92.1%, 주파수 후보지는 90.8%, 전계강도 후보지는 88.4%의 커버리지를 보임). 수요 조건에 따라 약간 상이한 감소 정도를 보이는 한계 커버리지 역시 수요지 간 차이는 크지 않은 것으로 나타났다.

소출력 서비스 모델은 광역 커버리지 서비스 모델보다는 서비스의 지리적 범위가 작지만, 기존 와이파이에 비해서는 서비스 도달 범위가 커 미시적 스케일에서 도시의 와이파이 음영 지역에 대한 대안으로 고려될 수 있다. 본 연구에서는 서울특별시와 6대 광역시를 대상으로 셋커버링 입지 모델(LSCP)을 적용하여 각 지역에 존재하는 음영 지역을 모두 커버하는 최소 수의 AP 최적 입지를 도출하였다. 도시형 소출력 슈퍼 와이파이 서비스의 지리적 제한은 IEEE 802.11af의 기술 표준에 따른 최소 서비스 거리(1.6km)와 최대 서비스 거리(3.2km)로 정의하였다. 각 지역의 수요지는 기존의 와이파이 서비스에 대한 접근성이 낮은 지역들로 정의되었고, 따라서 이미 와이파이가 많이 설치되어 있는 업무지구, 상업지구, 주거지 등과 같은 인구 밀집 지역은 소출력 슈퍼 와이파이 AP 모델에서 고려되지 않았다. 서비스 커버리지가 커질수록 각 지역의 모든 수요를 커버하는 데 필요한 AP의 개수는 작아지는데 평균적으로 약 73% 정도의 AP 감소율을 보였다. 1.6km 커버리지의 경우, 모든 수요를 커버하기 위해 필요한 AP의 최소 개수는 각 도시의 수요 분포에 따라 상이하게 나타나는데 울산, 대구, 부산, 서울, 인천, 대전, 광주순으로 많은 AP를 필요로 한다. 서울, 인천, 대전은 90여 개의 슈퍼 와이파이 AP 설치를 통해 각 도시의 와이파이 음영 지역들을 커버할 수 있으며, 광주는 이보다 작은 80여 개의 AP가 필요한 것으로 파악되었다, 한편 부산, 대구, 울산은 각각 140개, 142개, 163개의 AP가 필요한 것으로 나타나 다른 지역들에 비해 상대적으로 많은 슈퍼 와이파를 필요로 하였다. 소출력 서비스의 커버리지를 3.2km로 정의하였을 때에는 1.6km 커버리지의 최적해보다 적은 수의 AP(1.6km 최적해의 약 70%에 해당하는 AP 개수)로 각 지역의 모든 수요지를 커버할 수 있는 것으로 나타났다. 서울, 인천, 대전, 광주가 30개 미만의 AP로 모든 수요지를 커버할 수 있으며, 부산, 대구, 울산은 평균 39개의 AP가 필요한 것으로 나타났다.

Ⅴ. 결 론

V. 결 론

본 연구는 재난, 안전, 치안, 복지, 보건, 교육 등의 공공 영역뿐 아니라 새로운 민간 비즈니스와 신산업 창출을 위한 핵심적인 인프라로 기대되는 슈퍼 와이파이를 다양한 공간 분석과 모델링 기법을 통해 보다 공간적 관점에서 접근하였다. 특히 무선 인터넷 서비스의 지리적 격차를 완화하고, 누구든지 언제 어디서나 무료로 무선 인터넷에 접근할 수 있는 공공 무선 인프라로서 슈퍼 와이파이 도입의 필요성을 강조하였으며, 실제 슈퍼 와이파이 입지를 위한 구체적인 공간 대안들을 체계적으로 논의하였다. 이를 위해 먼저 문헌 연구를 통해 정보 및 모바일 격차에 대한 연구 동향과 슈퍼 와이파이의 기술적 현황을 입지 모델링과 관련된 주요 이슈들을 중심으로 고찰하였다. 더불어 기존 와이파이의 공간적 분포 특성과 모바일 격차와 관련한 여러 분석 결과를 지리적 스케일에 따라 실증적으로 살펴보았으며, 마지막으로 슈퍼 와이파이 입지 모델링을 통해 기존 와이파이의 공간적 분석으로 드러난 무선 통신 인프라의 지리적 격차를 완화하기 위한 공간적 대안들을 제시하였다.

기존 와이파이의 공간적 분포를 지리적 스케일에서 살펴본 결과,

전국에 걸쳐 도시권과 비도시권의 공간적 격차가 심한 것으로 나타났으며, 이러한 격차는 인구 규모나 연령 구조와 같은 인구학적 특성과 지역의 사회경제적 차이와 밀접하게 관련된 것을 알 수 있었다. 이는 와이파이가 상업적 이동통신사에 의해 주도적으로 설치되어 이윤이 창출될 수 있는 지역을 중심으로 집중적으로 분포하고 있음을 잘 보여 주고 있다. 최근 공공 와이파이가 늘어나고 있지만 여전히 인터넷에서 소외된 지역의 격차를 완전히 해소하기에는 미비한 상태이다. 따라서 무선 인프라의 공간적 불균등을 효과적으로 해결할 수 있는 슈퍼 와이파이 구축이 시급함을 시사한다. 한편 도시 내에서도 와이파이는 불균등하게 분포하고 있으며 주로 업무, 상업 기능이 활발할 도심, 부도심 지역과 인구 밀집 지역에 많이 분포하는 것으로 나타났다. 지역의 유비쿼터스 무선 환경은 도시 내 여러 무선 음영 지역을 커버함으로써 완성될 수 있는데, 수요가 적어 상업적 이윤을 보장할 수 없는 지역들은 슈퍼 와이파이와 같은 공공 인프라의 구축을 통해 효율적으로 극복할 필요가 있을 것이다.

슈퍼 와이파이 입지 모델링에서는 무선 인터넷 서비스 접근성에 대한 지리적 격차를 보다 체계적이고 효과적으로 완화할 수 있는 여러 공간적 대안을 도출하였다. 전국적 차원에서 나타나는 무선 인프라 불균등은 장거리 통신이 가능하여 지리적 커버리지가 큰 광역 슈퍼 와이파이 서비스 모델을 통해 극복할 수 있으며, 적은 수의 시설로 최대의 커버리지를 보장할 수 있는 입지 대안들을 도출하였다. 광역 슈퍼 와이파이의 입지는 기존 방송용 주파수 대역과 전계 강도를 고려하였으며, 입지에 따른 커버리지는 인구 수요뿐 아니라 와이파이가 취약한 소외 지역을 다각적으로 고려하였다. 보다 미시적 스케일에서 도시 내 슈퍼 와이파이로는 지리적 커버리지가 광역 모델보다는 작지만 기존 와이파이보다는 훨씬 큰 소출력 서비스 모델을 고려할 수 있으며, 이 모델의 최적해를 통해 최소 개수의 시설로 도시 내 와이파이 음영 지역들을 모두 커버할 수 있었다.

슈퍼 와이파이의 가장 큰 장점은 저주파수대의 방송용 화이트 스페이스를 활용함으로써 기존 와이파이 기술의 공간적 커버리지를 획기적으로 확장할 수 있다는 점이다. 이러한 특성으로 인해 방송용 주파수와의 간섭이나 주파수 정책을 둘러싼 정치적 쟁점을 뒤로 하고, 이미 세계 여러 나라는 슈퍼 와이파이의 광역 서비스에 주목하여 공공 무선 인프라로 활용하기 위한 발걸음을 재촉하고 있음을 눈여겨봐야 할 것이다. 비록 본 연구가 슈퍼 와이파이의 도입을 전제하에 다소 기술적 요소들을 배제하고 공간적 측면만 다루고 있다는 점에서 제한적이지만, 슈퍼 와이파이 공간 계획을 위한 체계적인 프레임워크와 방법론적 적용 가능성은 충분히 주목할 만한 가치가 있을 것이다. 또한 제시된 슈퍼 와이파이 대안들은 현 와이파이 지리의 실증적 분석 결과를 토대로 지리적 스케일에 따른 맞춤형 입지 대안이라 할 수 있으며, 인구 수요를 고려한 공간 효율성 모델이나 AP 취약지를 고려한 공간 형평성 모델, 이들을 절충한 모델의 다양한 최적해를 모두 포괄하고 있다. 아울러 설치할 시설물의 개수와 같은 비용적 측면과 이에 따른 커버리지 및 한계 커버리지 등을 최적해 매핑 결과와 함께 제시하여 슈퍼 와이파이 도입과 관련된 의사결정자에게 매우 유용한 참고 자료로 활용될 수 있을 것이다.

향후 실제 슈퍼 와이파이를 구축함에 있어서는 유휴 대역 산정, 신호 간섭 회피 및 AP의 지리적 이격, 슈퍼 와이파이 AP 기기 제원, 수신 신호 강도 테스트 등의 기술적 세부 사항들을 면밀히 검도할 필요가 있을 것이다. 또한 이러한 기술적 사항과 더불어 송신 안테나의 높이, 지형 고도, 자연 장애물과 같은 국지적 무선 환경 등을 함께 고려한 입지 모델링은 보다 정교하고 현실적인 공간 계획에 크게 도움을 줄 수 있을 것으로 기대한다.

| 참고문헌 |

권영선 · 이홍규, 2009, "Wifi hotspots in 100 U.S. cities and policy implications", 정보통신학회 2009년 정기학술대회 논문집.

김명유 · 전유찬 · 박상원 · 박진우, 2012, "Super Wi-Fi 환경에서 서비스 연속성을 위한 끊김없는 채널이동 방안 연구", 한국통신학회논문지, 37B(11), 1050-1057.

김문구 · 박종현, 2007, 국내 공중 무선랜의 비확산 요인 분석, 한국전자통신연구원.

디지털타임스, 2011, 슈퍼 와이파이: TV 유휴대역 주파수 활용 고품질 무선인터넷(2011년 2월 11일).

방송통신위원회, 2011, 2.4GHz 와이파이 혼신 최소화를 위한 가이드라인.

방송통신위원회, 2012, 디지털방송 활성화 및 12년도 아날로그방송 종료를 위한 정책방안.

석용호, 2012, "TV 화이트 스페이스에서 Wi-Fi 표준화 동향", 한국정보통신기술협회, 140, 90-94.

유지열, 2002, "우리나라의 정보격차에 관한 지수 접근 연구", 한국사회학, 36(1), 223-246.

윤석민 · 송종현 · 김유경 · 김주형, 2004, "이동전화격차", 한국언론학보, 48(3), 354-378.

이건학, 2012a, "대학 캠퍼스 주변의 와이파이 지리", 한국도시지리학회지, 15(2), 51-66.

이건학, 2012b, "와이파이 기반 U-캠퍼스 구축을 위한 커버리지 분석과 최적 입지 모델링", 한국지도학회지, 12(2), 47-58.

이건학, 2013, "네트워크 생존성 기반 최대커버링 모델을 이용한 도시 무선 메쉬 네트워크 모델링", 한국도시지리학회지, 16(2), 78-90.

이건학·김감영, 2013, "화이트 스페이스를 활용한 슈퍼 와이파이 시설의 효율적 배치를 위한 공간 입지 모델링", 대한지리학회지, 48(2), 259-271.

이수희·이건학, 2014, "지역 간 모바일 격차 측정과 공공 와이파이 입지 최적화", 한국지도학회지, 14(3), 73-89.

이승민, 2012, "미국 사회에서 스마트 기기가 정보격차에 미치는 영향 분석," 한국도서관·정보학회지, 43(2), 29-52.

이원철·최주평, 2013, "TV White Space 활용을 위한 Geo-location DB 기술", 한국통신학회논문지, 30(1), 47-57.

이희연·이종용, 2002, "도시 간 인터넷 정보인프라 격차분석에 관한 연구", 국토계획, 37(5), 187-203.

장재혁, 2013, TV White Space 생태계 및 상용/시험 서비스 도입 현황, 한국전자통신연구원.

장정인, 2007, "이동전화 무선인터넷 이용의 성별격차에 관한 실증분석", 여성경제연구, 4(1), 19-37.

정숙경, 2002, "한국의 여성정보화 지수와 현황", 한국지역정보화학회지, 5(2), 57-80.

최동석, 2011, TV 유휴대역을 활용한 슈퍼 와이파이 추진 동향, KT 경제경영연구소.

최성웅·조상인·강규민·홍헌진·정병장·박승근, 2011, "TV 화이트 스페이스 이용 기술기준 동향", 전자통신동향분석, 26(4), 68-78.

최주평·전찬형·이원철, 2013, "TV 화이트 스페이스 기술정책 및 서비스 동향", 한국전자파학회지, 24(5), 21-31.

한국정보화진흥원, 2013, 2012 정보 격차 지수 및 실태조사.

허우긍, 2003, "인터넷 하이퍼링크로 본 도시 네트워크", 대한지리학회지,

38(4), 518-534.
홍일영, 2010, "WiFi의 공간분포와 이용특성", 한국지도학회지, 10(1), 55-64.

Agustin-Blas, L. E., Salcedo-Sanz, S., Vidales, P., Urueta, G., and Portilla-Figueras, J. A., 2011, Near optimal citywide WiFi network deployment using a hybrid grouping genetic algorithm, *Expert Systems with Applications*, 38(8), 9543-9556.
Anselin, L., 1995, Local indicators of spatial association: LISA, *Geographical Analysis*, 27, 93-115.
Aruba Networks, 2010, Indoor 802.11n Site Survey and Planning, 36-45.
Blumenstock, J. and Eagle, N., 2012, Divided we call: disparities in access and use of mobile phones in Rwanda, Information *Technologies & International Development*, 8(2), 1-16.
Byers, S. and Kormann, D., 2003, 802.11b access point mapping, *Communications of the ACM*, 46(5), 41-46.
Chakraborty, J. and Bosman, M., 2005, Measuring the digital divide in the United States: race, income, and personal computer ownership, *The Professional Geographer*, 57(3), 395-410.
Charlson, J., 2011, *Building your business in the TV white space*, Super WiFi summit.
Church R. L., 1984, The planar maximal covering location problem, *Journal of Regional Science*, 24, 185-201.
Church, R. L. and ReVelle, C., 1974, The maximal covering location problem, *Papers of the Regional Science Association*, 32(1), 101-118.
Cisco Systems, 2008, *Wi-Fi Location-Based Services 4.1 Design Guide* (http://www.cisco.com/c/en/us/td/docs/solutions/Enterprise/Mobility/WiFiLBS-DG.pdf).
COGEU, 2010, *European TV white space analysis and COGEU use-cases.*
Cohon, J. L., 2004, *Multiobjective Programming and Planning*, New York: Dover Publications.
Daskin, M., 1995, *Network and Discrete Location: Models, Algorithms, and Applications*, Wiley-Interscience.

Dolezalek, H., 2011, *The outlook for super Wi-Fi*(www.processor.com).

Feng, X., Zhang, Q., and Li, B., 2013, Enabling Co-channel Coexistence of 802.22 and 802.11af Systems in TV White Spaces, in *Proceedings of IEEE International Conference on Communications*, 6040-6044.

Flores, A. B., Guerra, R. E., Knightly, E. W., Ecclesine, P., and Pandey, S., 2013, IEEE 802.11 af: A standard for TV white space spectrum sharing, *IEEE Communications Magazine*, 51(10), 92-100.

Getis, A. and Ord, J. K., 1992, The analysis of spatial association by use of distance statistics, *Geographical Analysis*, 24(3), 189-206.

Grubesic, T. H. and Murray, A. T., 2004, "Where"matters: location and Wi-Fi access, *Journal of Urban Technology*, 11(1), 1-8.

Grubesic, T.H. and Murray, A.T., 2002, Constructing the divide: spatial disparities in broadband access, *Papers in Regional Science*, 81(2), 197-221.

ITU, 2014, Measuring the Information Society, 2013 Report.

Jackman, S. M., Swartz, M., Burton, M., and Head, T. W., 2011, *Certified Wireless Design Professional Official Study Guide*, Hoboken: John Wiley & Sons.

Jones, K. and Liu, L., 2007, What Where Wi: An analysis of millions of Wi-Fi access points, in *Proceedings of 2007 IEEE Portable: International*.

Kamarkis, T. and Nickerson, J., 2005, Connectivity maps, measurements and applications, in *Proceedings of the 38th Annual Hawaii International Conference on System Science*, Hawaii.

LaMarca, A., Hightower, J., Smith, I., and Consolvo, S., 2005, Self-mapping in 802.11 location systems, in *Proceedings of the 7th International Conference on UBICOMP*, Tokyo, Japan.

Landa-Torres, I., Gil-Lopez, S., Del Ser, J., Salcedo-Sanz, S., Manjarres, D., and Portilla-Figueras, J. A., 2011, A grouping harmony search approach for the citywide WiFi deployment problem, in *Proceedings of the 11th Annual International Conference on Intelligent Systems Design and Applications*, Cordoba.

Lee, G. and Murray, A. T., 2010, Maximal covering with network survivability requirements in wireless mesh networks, *Computers,*

Environment and Urban Systems, 34(1), 49-57.

Lee, G., 2008, Developing spatial accessibility measure of urban residential area for broadband service: Operational effects and spatial disparity, *Journal of the Korean Urban Geographical Society*, 11(1), 101-113.

Lentz, G., 2003, 802.11b *Wireless Network Visualization and Radiowave Propagation Modeling*, Hanover: Dartmouth College.

Malecki, E. J. and Boush, C. R., 2003, Telecommunication infrastructure in the southeastern United States: Urban and rural variation, *Growth and Change*, 34(1), 109-129.

Manjarres, D., Landa-Torres, I., Gil-Lopez, S., Del Ser, J., and Salcedo-Sanz, S., 2012, A heuristically-driven multi-criteria tool for the design of efficient open WiFi access networks, in *Proceedings of the 17th Annual International Workshop on Computer Aided Modeling and Design of Communication Links and Networks*, Barcelona.

Molnár, S., 2003, The explanation frame of the digital divide, *Proceedings of the Summer School, Risks and Challenges of the Network Society*, Karlstad University, Sweden.

Moran, P. A. P., 1950, Notes on continuous stochastic phenomena, *Biometrika*, 37(1), 17-23.

Moss, M. L. and Townsend, A. M., 1998, Spatial analysis of the Internet in U.S. Cities and states, *Roman Proceedings of Technological Futures-Urban Futures Conference* Durham, England.

NTIA, 1999, *Falling through the net III: Defining the digital divide*, National Telecommunications and Information Administration, U.S. Department of Commerce.

Ord, J. K. and Getis, A., 1995, Local spatial autocorrelation statistics: Distributional issues and an application, *Geographical Analysis*, 27(4), 286-306.

Rice, R.E. and Katz, J.E., 2003, Comparing internet and mobile phone usage: digital divides of usage, adoption, and dropouts, *Telecommunications* Policy, 27(8),597-623.

Sawada, M., Cossette, D., Wellar, B., and Kurt, T., 2006, Analysis of the urban/rural broadband divide in Canada: Using GIS in planning terrestrial wireless deployment, *Government Information Quarterly*, 23(3), 454-479.

Scutaru, M. and Ogrutan, P., 2009, High frequency signal attenuation through materials, *Bulletin of the Transilvania University of Braşov, Series I: Engineering Science*, 2(51), 325-330.

Shillington, L. and Tong, D., 2013, Maximizing wireless mesh network coverage, *International Regional Science Review*, 34(4), 419-437.

Shipley, P., 2001, *Open WLANS: The Early Results of War Driving* (http://www.dis.org/filez/openlans.pdf).

Snyder, S. and ReVelle, C., 1997, Multiobjective grid packing model: An application in forest management, *Location Science*, 5, 165-180.

Thraves, C., Urueta, G.A., Vidales, P., and Solarski, M., 2008, Driving the Deployment of Citywide Ubiquitous WiFi Access, *Roman Proceedings of First International Conference on Simulation Tools and Techniques for Communications, Networks and Systems*, Marseille, France.

Toregas, C. and ReVelle, C., 1973, Binary logic solutions to a class of location problem, *Geographical Analysis*, 5(2), 145-155.

Toregas, C., Swain, R., ReVelle, C., and Bergman, L., 1971, The location of emergency service facilities, *Operations Research*, 19(6), 1363-1373.

Torrens, P. M., 2008, Wi-Fi geographies, *Annals of the Association of American Geographers*, 98(1), 59-84.

통계청, 2010, 경제총조사.

통계청, 2010, 인구총조사.

환경부, 2007, 토지피복현황 통계.

국립전파연구원(http://radiomap.go.kr).

DTV 코리아(http://www.dtvkorea.org).

eBeeSoftware(http://ebeesoftware.android.informer.com).

Ekahau Inc(http://www.ekahau.com/wifidesign).

Spectrum Bridge(http://www.spectrumbridge.com).

| 찾아보기 |

영문 약어

아 | 산 | 재 | 단 | 연 | 구 | 총 | 서

1 전환기의 중국경제
김윤환 외 | 단국대 경제학과

2 폴란드 경제의 변천 개혁과 그 전망
김광수 | 숭실대 경제학과

3 재소한인
이광규 외 | 서울대 인류학과

4 소련산림과 임업
홍성천 외 | 경북대 임학과

5 아세안의 정치경제
김국진 외 | 외교안보연구원

6 태국의 사회변동과 경제발전
최석만 외 | 전남대 사회학과

7 중국의 사회경제 통계분석
신한풍 외 | 고려대 통계학과

8 중국의 정치와 경제
박두복 외 | 외교안보연구원

9 동유럽의 개혁과 시장경제의 도입
허만 외 | 부산대 사범대학

10 동유럽의 개혁운동
박영신 | 연세대 사회학과

11 현대 러시아 연구
기연수 외 | 한국외대 노어과

12 전략적 선택과 기업의 국제경쟁력
이장호 | 서강대 경영대학

13 협동사회의 정착과 정부의 역할
이종범 외 | 고려대 행정학과

14 한국 제조기업 생산성의 동적 분석
노부호 외 | 중앙대 경영대학

15 분배의 정의
변형윤 외 | 서울대 경제학과

16 도덕적 행동의 강화
이훈구 외 | 연세대 심리학과

17 관료부패와 통제
김해동 외 | 서울대 행정대학원

18 한국경제의 내실 있는 성장
정창영 외 | 연세대 경제학과

19 한국국민정신운동의 역사와 발전방향
박수명 외 | 부산대 사범대학

20 한국대학생의 가치성향과 상담효과
이영희 외 | 숙명여대 교육학과

21 가출청소년과 학교관리체제
안창규 외 | 부산대 교육학과

22 동북아 정세변화와 한 · 일관계
한승조 외 | 고려대 정치외교학과

23 언론과 부정부패
정대철 외 | 한양대 신문방송학과

24 한국의 고등학교 교육
이원호 외 | 부산대 교육학과

25 가족과 방송
김학수 외 | 서강대 신문방송학과

26 재정개혁의 전망과 재산세제의 개편 과제
오연천 | 서울대 행정대학원

27 청소년을 위한 전자게임 프로그램의 규제 및 평가체계 개발
박혜원 외 | 울산대 가정관리학과

28 정신장애자 가족의 사회심리적 특성
이근후 외 | 이화여대 의과대학

29 가족의 관계역동성과 문제인식
이광규 외 | 서울대 인류학과

30 현대인과 한국전통음식
승정자 | 숙명여대 식품영양학과

31 기업의 초고속정보통신망활용
안중호 | 서울대 경영학과

32 지역발전을 위한 교육자치제의 개선방안
김남순 | 조선대 사범대학

33 전환기의 공무원 가치관
조경호 | 울산대 행정학과

34 지방자치와 사회복지의 과제
김영모 | 중앙대 사회복지학과

35 WTO체제하의 지방중소기업 지원정책
최명주 외 | 계명대 통상학부

36 현대한국의 시민운동
이효선 | 중앙대 사회학과

37 기업 세계화의 단계 및 정도의 측정
허영도 외 | 울산대 경영학과

38 가족복지를 위한 가족주치의 시범사업의 효과
이혜리 외 | 연세대 가정의학교실

39 한국대학생의 삶의 만족도
김재은 외 | 이화여대 교육심리학과

40 지역경제와 지역산업구조의 개편방향
정기화 외 | 전남대 경제학부

41 중국기업의 소유형태별 경영특성
노철화 외 | 부산대 무역학과

42 남북한의 인성 · 사상교육
한승조 외 | 고려대 정치외교학과

43 연계적 뇌기능 조언을 위한 의료용 멀티미디어 시스템의 설계
유선국 | 연세대 의용공학교실

44 다민족국가의 민족문제와 한인사회
최협 외 | 전남대 인류학과

45 저소득층지역 청소년 여가문화와 소집단 활성화
박문수 외 | 서강대 사회학과

46 삶의 질의 국제비교와 지역간 비교분석
이재기 외 | 울산대 경제학과

47 21세기 지역주민의 삶의 질
양종회 외 | 성균관대 사회학과

48 삶의 질에 대한 국가간 비교
조명한 외 | 서울대 심리학과

49 외국인 노동자의 노사관계와 사회적 적응
석현호 외 | 성균관대 사회학과

50 한국의 사법제도와 발전 모델
정종섭 | 건국대 법학과

51 고령화사회와 중상층 노인의 사회활동
조성남 외 | 이화여대 사회학과

52 한국의 서비스 시장 개방정책
한홍렬 | 한양대 경제학부

53 한국과 AFTA간의 교역증진 및 경제 협력방안
손일태 외 | 경희대 경제통상학부항

54 물류비 절감을 위한 무역업체의 정보화전략
이영수 외 | 경북대 경제통상학부

55 사회주의 체제전환과 사회정책
오정수 외 | 충남대 사회복지학과

56 남북통일 이후 농업생산체계 개편
홍성규 외 | 건국대 농업경제학과

57 국제화와 세계화
하영선 외 | 서울대 외교학과

58 IMF 개혁정책의 평가와 한국경제의 신(新) 패러다임
조동근 | 명지대 경제학과

59 구조개혁과 실업대책
박동운 | 단국대 경제무역학부

60 21세기 신노사관계
심윤종 외 | 성균관대 사회학과

61 학교에서의 집단 따돌림
이춘재 외 | 가톨릭대 심리학과

62 한국노인의 정신건강실태와 건강증진
조맹제 외 | 서울대 의과대학

63 혁명과 개혁 속의 중국 농민
김광억 | 서울대 인류학과

64 중국의 경제환경과 한국기업의 진출 전략
지용희 외 | 서강대 경영학과

65 김대중 대통령의 시스템 사고
김동환 | 중앙대 공공정책학부

66 실업과 가족해체
최일섭 외 | 서울대 사회복지학과

67 합리적 부채비율 조정방안
오상근 | 동아대 경제학과

68 한국 중산층의 생활문화
문숙재 외 | 이화여대 소비자 · 인간발달학과

69 계층간 갈등상태에서 최적소득세
김진욱 | 건국대 경상학부

70 글로벌 경쟁력 제고를 위한 기업전략과 조직구축
이만우 외 | 고려대 경영학과

71 의료보험과 국민연금의 관리효율화를 위한 통합방안
사공진 외 | 한양대 경제학부

72 정부개혁의 과제와 전략
박우서 외 | 연세대 행정학과

73 책임운영기관 제도에 관한 비교분석
김근세 | 가톨릭대 행정학과

74 새로운 패러다임하에서의 한국기업의 바람직한 지배구조
최운열 외 | 서강대 경영학과

75 현대 한국사회의 계층구조
양춘 외 | 고려대 사회학과

76 한국의 산업정책과 산업구조조정
강인수 | 숙명여대 경제학부

77 기업구조조정
김석진 | 경북대 경영학부

78 지식경영을 위한 인적자원 개발 및 관리체계
장영철 | 경희대 경영학부

79 뉴 비즈니스 모델
전성현 | 국민대 정보관리학부

80 중산층의 정체성과 소비문화
함인희 외 | 이화여대 사회학과

81 외국관광객 유치를 위한 마케팅 전략
박상규 | 강원대 경영학과

82 한국인의 세대별 문학의식
이동순 | 영남대 국문과

83 공공부문의 효율성 평가와 측정
김재홍 외 | 울산대 사회과학부

84 한국 청소년의 정치의식과 형성요인
김광웅 외 | 숙명여대 아동복지학과

85 한국 대학생의 정치의식
배한동 | 경북대 윤리교육과

86 산업의 정보화와 산업발전
이기동 | 계명대 통상학부

87 한국 제조업의 고용조정 분석
이종원 외 | 성균관대 경제학부

88 지식자산에 대한 경영전략적 평가모형 개발
배재학 외 | 울산대 컴퓨터 · 정보통신공학부

89 관광사업을 위한 한국적 이미지의 휴식복 개발
채금석 | 숙명여대 의류학과

90 한국 정치제도의 개혁
신정현 | 경희대 사회과학부

91 e비즈니스와 아웃소싱 전략
정승화 외 | 연세대 경영학과

92 집단 따돌림의 진단 및 치료방안
홍준표 | 중앙대 인간생활환경학과

93 16대 총선과 낙선운동
조기숙 | 이화여대 국제대학원

94 부동층 유권자 행태 분석
진영재 | 연세대 정치외교학과

95 사이버 공동체의 성공요인
이재관 | 숭실대 경영학부

96 온라인 소비자 행동의 이론과 실증
윤성준 | 경기대 경영학부

97 글로벌 시대 정약용 세계관의 가능성과 한계
차성환 | 한일장신대 역사사회학과

98 러시아의 체제전환 과정에서 나타난 국가의 역할과 그 전망
이상민 외 | 부산대 정치외교학과

99 남북한의 경제발전 수준과 산업구조 비교, 그리고 경제교류 협력방향
주성환 | 건국대 경제학과

100 집단따돌림과 교육해체
한준상 | 연세대 교육학과

101 공적연금제도의 효율성과 개선방안
유금록 | 군산대 행정복지학부

102 벤처기업-대기업의 성공적인 협력 모델
나중덕 | 경산대 경영학과

103 북한의 재외동포정책
조정남 외 | 고려대 정치외교학과

104 사이버 공동체 형성의 역동적 모형
장용호 | 서강대 신문방송학과

105 기업이론과 기업의 소유지배구조
김일태 외 | 전남대 경제학부

106 가축분뇨 자원화를 위한 공동이용조직에 대한 농가선호도 분석
유덕기 | 동국대 생명자원경제학과

107 개혁정책과 전문가 집단
이경원 외 | 제주대 행정학과

108 현대 한국사회의 이중가치체계
신수진 외 | 이화여대 가정관리학과

109 한국의 산업구조 변화와 기업집단 다각화 전략
김용학 외 | 연세대 사회학과

110 지식정보사회의 경제적 모형 설정 및 사례 연구
김범환 | 배재대 경영정보학부

111 변호사징계제도
오종근 | 한림대 법학부

112 인터넷 특허법
김순석 | 광주대 법학과

113 e-비즈니스 시대의 금융 및 재정정책의 새로운 패러다임
이종욱 | 서울여대 경제학과

114 청소년의 하위문화와 정체성
조성남 | 이화여대 사회학과

115 디지털금융시대의 금융구조변화와 정부규제 및 정책
이충열 | 고려대 경제학부

116 지식경영을 위한 기업의 조직설계방안
김경수 외 | 전남대 경영학과

117 전자금융의 발달과 경제정책의 새로운 패러다임
이명훈 | 명지대 경제학과

118 동아시아의 안보와 유엔체제
강성학 편저 | 고려대 정치외교학과

119 유료 치매노인 그룹홈의 개발과 관련 정책
최정신 외 | 가톨릭대 소비자·주거학과

120 소비자 지향적 문화산업 정책
홍영준 | 호남대 광고홍보학과

121 국제·국가·지방 환경규제의 연계
정준금 외 | 울산대 행정학과

122 현행 회사 합병·분할제도의 평가와 개선방안
옥무석 외 | 이화여대 법학과

123 배려지향적 도덕성과 정의지향적 도덕성
정옥분 외 | 고려대 사범대학

124 기업구조조정에 대한 채권금융기관 및 금융감독기관의 역할과 책임
이중기 | 한림대 법학과

125 실업대책으로서 한국의 법정기준근로 시간 단축
박영범 | 한성대 경제학과

126 프랑스어의 비분리성 소유개념 표현
노윤채 | 연세대 언어정보연구원

127 지방채의 효율적 관리방안
강태구 | 호원대 법행정학부

128 21세기 산업구조 변화와 과학기술정책
임채성 외 | 그리스도신학대 경영정보학부

129 인터넷 쇼핑몰 이용자의 불평행동
예종석 | 한양대 경영학부

130 한국기업의 성과급제도 현황, 효과 및 개선방안
김성수 | 서울대 경영학과

131 전자상거래와 소비자보호
서민교 외 | 경일대 인터넷국제통상학과

132 평생학습 사회에서의 인적자원개발을 위한 사회적 파트너십 구축
김영화 | 홍익대 교육학과

133 한국 공교육의 새로운 구상과 전략
권대봉 외 | 고려대 교육학과

134 한국의 정부개혁
김태룡 | 상지대 행정학과

135 지방정부 생산성 측정의 이론과 실제
이은국 외 | 연세대 행정학과

136 불가 시문학론
배규범 | 경희대 학술연구 교수

137 남북경제교류의 법적 문제
제성호 | 중앙대 법학과

138 경제위기와 청소년 발달
구인회 | 서울대 사회복지학과

139 생명과학기술의 응용과 기본권보호적 한계
정상기 외 | 한남대 법학과

140 경제발전과 정치환경의 한·일 비교분석
정갑영 외 | 연세대 동서문제연구원

141 한국 공교육의 진단
윤정일 외 | 서울대 교육학과

142 우리나라 지방자치 발전을 위한 자치 단체장의 역할
정성호 외 | 경기대 사회과학부

143 의료보험제도의 개혁방안
권순원 | 덕성여대 경제학과

144 중등 도덕교육의 현실과 문제
손동현 외 | 성균관대 철학과

145 사이버공동체 발전론
이명식 | 상명대 경영학과

146 남북경협 확대에 대비한 북한 담보 제도의 정비방안
박훤일 | 경희대 법과대학

147 한국 공무원 인사제도 개혁
김판석 | 연세대 행정학과

148 교사화법 교육
임칠성 외 | 전남대 국어교육과

149 세계화의 문화정치학
임혁백 외 | 고려대 정치외교학과

150 효과적인 e-SCM을 위한 의사결정 조정 시스템 모형
이원준 | 성균관대 경영학부

151 환경거버넌스
김종순 외 | 건국대 행정학과

152 자동차산업의 인적자원관리
이덕로 | 서원대 경영학부

153 한국과 영국 간 지식기반산업 비교
이명호 | 한국외대 경영학과

154 한국 벤처기업의 기술네트워킹 및 기술마케팅 전략
장영일 | 인제대 경영학부

155 회사변호사의 윤리
오승종 | 성균관대 법과대학

156 미디어교육론
이정춘 | 중앙대 신문방송학과

157 조선시대 서원과 양반
윤희면 | 전남대 역사교육과

158 환경문제와 철학
박찬국 | 서울대 철학과

159 노인보건복지 이론과 실제
김명 외 | 이화여대 보건교육학과

160 북한의 법체계
권재열 외 | 숭실대 법학과

161 생명공학기술의 안전성 확보에 관한 법적 고찰
이재협 | 경희대 법학부

162 청소년복지학
김성이 외 | 이화여대 사회복지학과

163 변화하는 세계, 변화하는 복지국가
조영훈 | 동의대 사회복지학과

164 의리의 윤리와 한국의 유교문화
김낙진 | 진주교대 도덕교육과

165 미국의 통상정책과 통상법
윤충원 | 전북대 무역학과

166 사회복지 프로그램 평가
김학주 | 경상대 사회복지학과

167 환경주의와 지속가능한 발전
정대연 | 제주대 사회학과

168 무역과 환경
김기흥 외 | 경기대 경제학부

169 산업계 유해폐기물의 위험과 관리
김금수 | 호서대 경상학부

170 백범 김구의 지적 계발과정 탐색
문용린 | 서울대 교육학과

171 태평양전쟁 발발 이후 일제의 인적 지배와 그리스도교계의 대응
윤선자 | 전남대 사학과

172 거버넌스 상황에서 갈등관리를 위한 대체적 분쟁해결제도
서순복 | 광주대 법정학부

173 시장경제의 유형과 민주주의
최배근 | 건국대 경상학부

174 일본고전소설 총론
김현정 | 국립한국전통문화학교

220 심리학자들이 쓴 행복한 결혼의 심리학
채규만 외 | 성신여대 심리학과

221 현대 해석학 강의
양해림 | 충남대 철학과

222 한국인의 주거 빈곤과 공공주택
하성규 | 중앙대 도시 및 지역계획학과

223 IMF 경제위기와 한국 출산력의 변화
김두섭 | 한양대 사회학과

224 동아시아의 영토분쟁과 국제법
이석우 | 인하대 법학부

225 독일 복지국가와 사회복지서비스
정재훈 | 서울여대 사회사업학과

226 사회복지사를 위한 실용 비모수통계
엄명용 | 성균관대 사회복지학과

227 피해자학 연구
이윤호 | 동국대 경찰행정학과

228 광고언어창작론
박영준 외 | 부경대 국어국문학과

229 환경규제 패러다임의 전환
한철 | 한남대 법학과

230 고령사회의 노동환경변화와 고용 시스템의 문제점 및 법적 대응
고준기 | 국립군산대 법학과

231 세계화와 소득불평등
이성균 외 | 울산대 사회과학부

232 유비쿼터스 사회의 이해
안중호 외 | 서울대 경영학과

233 국제환경책임법론
박병도 | 건국대 법학과

234 한국의 선거와 민주주의
윤종빈 | 명지대 정치외교학과

235 한국 시민운동의 구조와 동학
조대엽 외 | 고려대 사회학과

236 또래관계
송영혜 | 대구대 재활심리학과

237 해외 한국기업과 현지인 노동자
석현호 외 | 에스콰이아학술문화재단

238 독일 국가복지에서 민간복지단체의 역할과 의미
차성환 외 | 한일장신대 사회복지학부

239 청정공학
조정호 | 동양대 생명화학공학과

240 한국전통연희론
심상교 | 부산교육대 국어교육학과

241 정신장애와 가족
서미경 | 경상대 사회복지학부

242 빈곤통계의 작성과 활용
김주환 | 동국대 정보통계학과

243 인터넷과 한국정치
강원택 | 숭실대 정치외교학과

244 북한의 시장경제이행
정영화 외 | 서경대 법학과

245 시스템사고로 본 지속가능한 도시
문태훈 | 중앙대 도시및지역계획학과

246 실버산업과 유비쿼터스 컴퓨팅
고일상 | 전남대 경영학부

247 재활상담과 사례관리
나운환 | 대구대 직업재활학과

248 영유아교육기관에서의 장애 이해 교육
유수옥 | 우석대 유아특수교육과

249 장애의 사회적 의미와 사회통합
박수경 | 대진대 사회복지학과

250 경제분석의 수리적 기초
조인성 | 공주대 경제통상학부

251 비영리부문의 비교연구
김승현 | 서울산업대 행정학과

252 고등교육경제학
반상진 | 전북대 교육학과

253 과학윤리교육의 이론과 방법
조희형 | 강원대 과학교육학부

254 결혼이민자가족의 이해
김오남 | 대불대 사회복지학과

255 동아시아 국가의 공공부조
신동면 | 경희대 사회과학부

256 특수아동 진단 및 평가
이나미 | 대불대 특수교육과

257 계약형 사회복지와 권리옹호시스템
이명현 | 경북대 상주캠퍼스 사회복지학과

258 실내공기질 및 위해성 관리
양원호 | 대구가톨릭대 산업보건학과

259 충남 방언 문법
한영목 | 충남대 국어국문학과

260 교육권론
노기호 | 군산대 법학과

261 도시경관계획론
임승빈 | 서울대 조경·지역시스템공학부

262 교통의 새로운 패러다임
김형철 | 경원대 도시계획·조경학부

263 노인의 삶의 질 향상을 위한 주거환경 디자인
천진희 | 상명대 디자인대학 실내디자인전공

264 사회복지와 문화
박병현 | 부산대 사회복지학과

265 장애인복지의 이론과 실제
이선우 | 인제대 사회복지학과

266 창의성 개발을 위한 디자인교육 콘텐츠
김선영 | 인천가톨릭대 조형예술대학 환경디자인학과

267 구성주의 사회복지 실천 기술론
고미영 | 서울신학대 사회복지학과

268 장애아교육학
김기홍 | 부산교육대 유아교육과

269 지역사회복지와 자원부문
한상진 외 | 울산대 사회학과

270 환경관리회계
육근효 | 부산외국어대 회계학부

271 인권 관점에서 보는 장애인복지
유동철 | 동의대 사회복지학과

272 정신증상
송지영 | 경희대 의과대학병원 신경정신과

273 사이버공간의 사회심리학
이성식 외 | 숭실대 정보사회학과

274 노인에 대한 사회적 돌봄과 돌봄 서비스의 질 보장
최희경 | 신라대 가족노인복지학과

275 아동 심리치료의 실제
신현균 | 전남대 심리학과

276 사회복지와 위험관리
노충래 | 이화여대 사회복지전문대학원

277 국제 탄소시장의 이해
양승룡 | 고려대 식품자원경제학과

278 타자의 초상
신문수 | 서울대 영어교육과

279 한국정치와 환경정치
나정원 | 강원대 정치외교학과

280 북한이주민
윤인진 | 고려대 사회학과

281 음주의 사회경제적 비용
정우진 외 | 연세대 보건대학원

282 지방정치와 동북아 도시거버넌스
박재욱 | 신라대 행정학과

283 노숙인 복지론
남기철 | 동덕여대 사회복지학과

284 유럽통합과정과 지역협력
이규영 | 서강대 국제대학원

285 사회복지재정 연구
지은구 | 계명대 사회과학대학 사회복지학과

286 지역사회 교육개혁을 위한 시민사회 조직의 참여
김영화 | 홍익대 교육학과

287 복지사회를 대비한 국민연금의 구조개혁
박영석 외 | 서강대 경영학부

288 한미 FTA 지재권 협상에 따른 의약품 분야 사회후생 변화
오근엽 | 충남대 무역학과

289 산업입지, 환경 그리고 지역경제
이기동 외 | 계명대 국제통상학과

290 감성지능 개발을 통한 삶의 질 향상
김경수 외 | 전남대 경영학부

291 교육복지론
이용교 외 | 광주대 사회복지학부

292 인간과 행복에 대한 철학적 성찰
박찬국 | 서울대 철학과

293 유럽연합의 사회통합 사례와 교훈
이무성 | 명지대 정치외교학과

294 민영화와 사회후생
이상호 | 전남대 경제학부

295 북한의 교육학 체계 연구
최영표 외 | 동신대 교육대학원

296 한국 지속가능발전의 구조와 변동
징대연 | 제주대 사회학과

297 우리나라의 공익 연계 마케팅에 관한 연구
임승희 | 전주대 경영학부

298 시각장애인복지론
김영일 | 조선대 특수교육과

299 그린에너지와 환경촉매
정석진 | 경희대 화학공학과

300 취약학교 초등학생을 위한 온라인 보건 교육 프로그램
박경옥 | 이화여대 보건관리학과

301 신탁제도를 통한 고령자의 보호와 지원
최수정 | 서강대 법학전문대학원

302 사회적 약자계층에 대한 실태분석 및 정책방안
이은우 외 | 울산대 경제학과

303 한류 문화와 동북아 공동체
최혜실 | 경희대 국어국문학과

304 노동유연화와 해고보호법
권혁 | 부산대 법학전문대학원

305 사회복지 위험관리의 이해
박미은 | 한남대 사회복지학과

306 의료기관의 회계와 세무
노준화 | 충남대 경영학부

307 여성인적자원의 전문성 확보를 위한 경력개발
백지연 | 이화여대 국제사무학과

308 정신병리
강선경 | 서강대 신학대학원

309 바다의 반란 적조
윤양호 | 전남대 해양기술학부

310 한국 장애인 복지 발달사
이성규 | 서울시립대 사회복지학과

311 서양예술 속의 동양 탐색
진상범 | 전북대 독어독문학과

312 한국인의 도덕성 발달 진단
문용린 | 서울대 교육학과

313 영국정치와 국가복지
고세훈 | 고려대 공공행정학부

314 인간학적 사유를 여는 중도·중복장애 교육학
이숙정 | 단국대 특수교육과

315 개별화 교육과정
이소현 | 이화여대 특수교육과

316 인간의 긍정적 성품
권석만 | 서울대 심리학과

317 지방자치와 지역여성의 전망
이혜숙 | 경상대 사회학과

318 한국 현대 노년소설 연구
전흥남 | 한려대 교양학부

319 정보격차 해소를 위한 창의적 정보교육 프로그램
이영준 외 | 한국교원대 컴퓨터교육과

320 한국 가족과 젠더
손승영 | 동덕여대 교양학부

321 한국의 복지혼합
김진욱 | 서강대 신학대학원

322 사회자본과 자원봉사
김태룡 외 | 상지대 행정학과

323 농촌교육복지연구
박삼철 | 단국대 교양학부

324 사회정체성 평가 차원에 대한 국제 비교조사
이명진 | 고려대 사회학과

325 캐나다 복지국가 연구
조영훈 | 동의대 사회복지학과

326 한국의 소수자운동과 인권정책
전영평 외 | 서울대 행정대학원

327 한국과 미국의 보육서비스 전달체계와 품질 비교분석
김근세 외 | 성균관대 국정관리대학원

328 한국사회의 소득불평등과 국민 의료이용
이용재 | 호서대 사회복지학과

329 정보시대의 인간안보
조화순 | 연세대 정치외교학과

330 가족의 사회경제적 특성과 아동발달
김광혁 | 전주대 사회복지학과

331 초·중·고등학생의 학업소진 진행과정 및 경로분석
이상민 | 고려대 교육학과

332 다문화사회의 사법통역
이지은 | 이화여대 통역번역대학원

333 동아시아 지역주의
유현석 | 경희대 정치외교학과

334 환경친화적 공공시설관리와 지역공동체의 삶의 질
이소영 | 중앙대 실내디자인·주거환경학과

335 의료보험의 법정책
김나경 | 성신여대 법과대학

336 양극화 시대 가족해체와 청소년의 적응에 관한 한국과 미국의 비교 연구
오승환 외 | 울산대 사회복지학과

337 기업의 사회적 책임과 지역경제사회발전 연구
허영도 외 | 울산대 경영학부

338 노인의 삶의 질 향상을 위한 온라인 소셜 네트워크 구축 방안
김진우 | 연세대 경영학과

339 청소년 생활역량
윤명희 외 | 동의대 평생교육학과

340 외국인 배우자의 다양성과 국제결혼의 안정성
김두섭 | 한양대 사회학과

341 정보인권의 규범구체화
이민영 | 가톨릭대 법학과

342 한국 사회복지실천의 고유성
최성재 외 | 서울대 사회복지학과

343 스웨덴의 환경책임 실천모형
최희경 | 경북대 행정학부

344 자율운동과 주거공동체
윤수종 | 전남대 사회학과

345 한국인의 공공봉사동기
김상묵 | 서울과학기술대 행정학과

346 한국 이혼가정 아동의 성장
김혜숙 | 경인교육대 교육학과

347 동양 사상과 노인 복지
홍승표 외 | 계명대 사회학과

348 노동과 사회보장의 연계
오문완 | 울산대 법학과

349 학습장애 위험군 아동의 조기선별을 위한 읽기검사 표준화 연구
김애화 외 | 단국대 특수교육학과

350 신·재생에너지에 기초한 녹색성장과 사회통합
김인호 | 이화여대 법학전문대학원

351 문화교류역량과 다문화 경영이 기업 경영성과에 미치는 영향
임병학 외 | 부산외대 경영학부

352 빈곤영유아의 발달과 적응
정익중 외 | 이화여대 사회복지학과

353 민사법질서와 인권
양천수 | 영남대 법학전문대학원

354 성년후견제도와 사회복지제도의 연계
신권철 | 서울시립대 법학전문대학원

355 한국 다문화사회의 이방인
김순양 | 영남대 행정학과

356 현대 시민사회와 소비자계약법
이병준 | 한국외대 법학전문대학원

357 개인의 사회적 정보보호를 위한 공공 정보서비스 개선 연구
장항배 | 상명대 경영학과

358 여성교육투자에 대한 교육경제학적 탐색
백일우 외 | 연세대 교육학부

359 사회적 기업과 지속가능한 지역발전
임업 외 | 연세대 도시공학과

360 다문화가정 구성원에 대한 투트랙 한국어 교육방안 연구
박시균 | 군산대 국어국문학과

361 아시아의 빈곤과 한국기업의 역할
한인수 | 충남대 경영학부

362 유치원·초등학교 연계 환경교육
박희숙 | 공주대 유아교육학과

363 비정규 고용과 사회정책
구인회 외 | 서울대 사회복지학과

364 사생활의 자유에 관한 비교법적 연구
이창현 | 서강대 법학전문대학원

365 다중융합 환경 기반의 미디어스킨을 활용한 문화콘텐츠 디자인 적용방안에 관한 연구
오문석 외 | 광운대 미디어영상학부

366 북한이탈주민 여성의 성인식 관련 기초조사
한인영 외 | 이화여대 사회복지학과

367 노인주택 파노라마
유선종 | 건국대 부동산학과

368 시설보호 청년의 적응
정선욱 | 덕성여대 사회복지학과

369 다수 집단과 소수 집단의 심리
김혜숙 | 아주대 심리학과

370 바이오 휴머니티
권택영 | 경희대 영어학부

371 프랑스 다문화교육의 이해
이경수 | 상명대 불어교육과

372 한·중 서비스산업의 비교분석과 교역 확대 방안
김상호 | 리츠메이칸 아시아태평양대 국제경영학부

373 현대의학에 있어서 생명의 시간과 인간의 존엄
김학태 | 한국외대 법학전문대학원

374 0~3세 영유아의 영상물 과몰입 실태조사 및 정신건강증진 프로그램 개발과 적용
이경숙 | 한신대 재활학과

375 복지국가의 조세와 정치
양재진 외 | 연세대 행정학과

376 청소년기 자살행위 실태와 관련 요인
박선희 | 경희대 간호과학대학

377 기술혁신에 따른 지역 간 정보격차
최정혜 외 | 연세대 경영대학

378 한국 사회의 이중구조와 생애주기적 불평등
안상훈 편 | 서울대 사회복지학과

379 소비자의 친환경행동에 영향을 미치는 사회적·경제적 가치에 대한 고찰
송재기 | 텍사스테크대 경영학과

380 어머니 양육행동 관련 변인들과 유아 사회정서행동 간의 구조모형 분석
심숙영 | 숙명여대 원격대학원

381 조선족 여성, 동남아시아 여성 그리고 새터민의 적응 유형 분석 및 삶의 질 향상 방안 모색
정태연 | 중앙대 심리학과

382 세계의 연금, 한국의 연금
허만형 | 중앙대 공공인재학부

383 노인요양원과 문화 변화
최재성 | 연세대 사회복지학과

384 시민사회와 국제개발협력
손혁상 | 경희대 공공대학원

385 복지국가의 변화와 빈곤정책
김윤태 | 고려대 사회학과

386 다문화가정의 미디어 이용과 사회적 자본의 관계
진창현 | 경기대 경영학과

387 사회진출 대졸 초년생의 탄력성 변화 양상
이상민 | 고려대 교육학과

388 사회자본과 경제발전 그리고 정부의 질
도수관 | 대구가톨릭대 행정학과

389 망명과 귀환이주
서장원 | 고려대 독일문화학과

390 근거기반실천과 사회복지
김유진 | 경북대 사회복지학부

391 인터넷상 정보 유통에 대한 새로운 저작권 규율 방향 모색
박준석 | 서울대 법학전문대학원

392 한국 사회의 인종차별적 담화구조
이창수 | 한국외대 통역번역대학원

393 사회복지사의 사회복지 가치 지향
김용석 | 가톨릭대 사회복지학과

394 개인정보의 국제적 유통에 따른 법적 문제와 대책
박훤일 | 경희대 법학전문대학원

395 정신장애인의 인권
서미경 | 경상대 사회복지학과

396 취약계층 비만청소년들의 체중관리를 위한 건강증진 프로그램의 효과
김영호 | 서울과학기술대학교 스포츠과학과

397 한국 전통의 돈의 문학사, 나눔의 문화사
서신혜 | 한양대 창의·융합교육원

398 와이파이 공간과 모바일 정보 격차
이건학 | 서울대 사회과학대학

아 | 산 | 재 | 단 | 연 | 구 | 보 | 고 | 서

1 한국인의 도덕성 연구
배해수 | 고려대 국문학과

2 산업화와 청소년 진로
이원호 | 울산대 교육학과

3 공동체의식과 시민운동
김영섭 | 한양대 행정학과

4 한국청년의 삶의 의미 충족도와 만족적 태도
안정수 | 경희대 철학과

5 중국조선족의 사회발전과 한·중관계의 위상
손장권 | 고려대 사회학과

6 해송림 "솔껍질깍지벌레"의 천적 및 주요 종의 생태
김규진 | 전남대 농생물학과

7 사회정의와 실천윤리
박종대 | 서강대 철학과

8 동구개혁의 영향
김달중 | 연세대 정치외교학과

9 한국청소년의 의식세계
김문조 | 고려대 사회학과

10 고강도 철근 콘크리트 구조의 실용화
정헌수 | 중앙대 건축학과

11 신기술의 연관형태 및 출현예측의 구조모형
권철신 | 성균관대 산업공학과

12 민간기업의 연구개발을 위한 조세정책
권영훈 | 한양대 경제학부

13 기술개발 활성화방안
송승구 | 울산대 화학공학부

14 부패의 현상과 진단
이문조 | 영남대 정치외교학부

15 연구투자의 지역적 편중화와 부산지역의 기초과학연구 활성화방안
윤웅찬 | 부산대 화학과

16 GATT의 신구 덤핑방지협정과 그 대응방안
전창원 | 동국대 무역학과

17 한국사회의 도덕성 제고를 위한 진단과 처방
황경식 | 서울대 철학과

18 새로운 노사관계 방향
이진규 외 | 고려대 경영학과

19 21세기 동북아 정세예측과 한국의 전략적 대응방안
최평길 외 | 연세대 행정학과

20 소련의 한국에 대한 정책목표분석
신승권 | 한양대 정치외교학과

21 메모리 커패시터용 $Pb(Zr_xTi_{1-x})O_3$ 강유전체 박막의 제작과 특성
장지근 외 | 단국대 전자공학과

22 러시아 국제법학의 전통
김용구 | 서울대 외교학과

23 유럽연합의 현황과 전망
김동현 외 | 성균관대 행정학과

24 중국의 정치동원
송영우 외 | 건국대 정치외교학과

25 산업적 활용을 위한 이동로보트 시스템의 개발
박민용 외 | 연세대 전자공학과

26 중국조선족의 정치사회화과정과 동화적 국민통합의 방향
전인영 외 | 이화여대 사회생활학과

27 공적부조의 이론과 실제
최일섭 외 | 서울대 사회복지학과

28 대외통상환경의 변화와 법제개편
서헌제 | 중앙대 법학과

29 기업금융의 국제화
최생림 | 한양대 경영학부

30 자동차부품공업의 노사관계
김호진 외 | 고려대 행정학과

31 산업화 과정에서의 한국가족의 실태와 전망
정창수 외 | 성균관대 사회학과

32 공무원 가치관 실태와 정립방안
배병룡 외 | 경상대 행정학과

33 해외귀국청소년의 국내적응연구
이장영 | 국민대 사회학과

34 초고속정보통신망에서 LAN서비스 제공방안
이재용 | 연세대 전자공학과

35 WTO체제의 정책적 대응
김병진 외 | 경희대 행정학과

36 유럽의 통합정치
최수경 외 | 충남대 정치외교학과

37 유기질폐기물을 이용한 고단백사료원인 조류의 생산공정
최정우 외 | 서강대 화학공학과

38 초고속정보통신망의 수용성과 정책방향
박영상 외 | 한양대 신문방송학과

39 중국의 강남사회와 한중교섭
조영록 외 | 동국대 사학과

40 세계화시대의 사회·문화의식
신행철 외 | 제주대 사회학과

41 국내 외국인 노동자의 문제와 대책
성규탁 외 | 연세대 사회복지학과

42 노인인력 활용정책과 프로그램
김정후 외 | 강원대 법과대학

43 한일간 학술교류 현황과 활성화방안
정홍익 외 | 서울대 행정대학원

44 계량모형에 의한 한일 경제관계의 이해
김명직 외 | 한양대 경제학부

45 직장인의 음주행태와 삶의 질
진기남 외 | 연세대 보건행정학과

46 유통정보 시스템의 구조와 설계
정용길 | 충남대 경영학과

47 남북통일 이후 사회통합을 위한 교육의 역할
안기성 외 | 고려대 교육학과

48 대중음악에 심취한 청소년들의 심리적 특성
김인경 외 | 연세대 인간행동연구소

49 멀티미디어 시스템을 활용한 교육환경의 개선방안
김한일 | 제주대 컴퓨터교육학과

50 탈냉전기 한일관계의 쟁점
최상룡 | 고려대 정치외교학과

51 자치시대 새로운 '삶의 질' 지표의 모색
김형기 외 | 경북대 경제통상학부

52 유럽통합의 역내외 협력과 갈등
이호재 외 | 고려대 정치외교학과

53 21세기를 대비한 신노사관계
김재원 | 한양대 경제학부

54 대학의 시간제학생 등록제
안규철 외 | 전남대 교육학과

55 21세기에 대비한 방송통신정책
한진만 외 | 강원대 신문방송학과

56 주민참여를 통한 혐오시설 관리운영방안
박균성 외 | 경희대 법학부

57 여성의 정치적 권리인식과 정치참여
전경옥 외 | 숙명여대 정치외교학과

58 한국인 위장질환과 식생활·환경요인 및 *H. pylori* 감염과의 관계
이양자 외 | 연세대 식품영양학과

59 학생과 시민의 자원봉사활동
윤정일 외 | 서울대 교육학과

60 동북아 환경문제와 지역환경협력의 모색
신연재 외 | 울산대 정치외교학과

61 노인 자원봉사활동을 통한 사회통합 프로그램 개발
김동배 | 연세대 사회복지학과

62 물류정보 시스템
김태현 | 연세대 경영학과

63 전자식 문서교환을 이용한 항공화물 운송체계
민재형 | 서강대 경영학과

64 청소년과 성
이근후 | 이화여대 의과대학

65 민족통합과 무궁화호 위성의 남북한 공동활용방안
방정배 | 성균관대 신문방송학과

66 채식주의가 20대 여성의 영양상태와 에스트로겐 대사에 미치는 영향
성미경 | 숙명여대 식품영양학과

67 가상정보공간을 통한 지역개발 활성화 전략
유재천 외 | 한림대 언론정보학부

68 조산아 관리현황 및 정책수립 방안
박상기 외 | 조선대 의과대학

69 남북한관의 의식조사와 통일교육 개선방안
김동규 외 | 고려대 북한학과

70 동양 전통 자연사상 탐구
장동순 | 충남대 환경공학과

71 초고속정보망의 시뮬레이터 구현
한기준 | 경북대 컴퓨터공학과

72 유통원가 시스템의 유효성
정다미 | 명지대 경영학과

73 국악과 문화관광의 만남
정익준 외 | 동아대 국제관광통상학부

74 기업의 지식경영 활용사례
김창은 | 명지대 산업공학과

75 선진국과 한국의 직업교육·훈련제도의 특성과 한계
정주연 | 고려대 경제학과

76 제주지역 성인 여성의 자원봉사활동
이상철 외 | 제주대 사회학과

77 M&A와 문화충돌 관리
박원우 | 서울대 경영학과

78 폐금속광산 인근 주민들의 중금속 오염실태
정종학 외 | 영남대 의학과

79 북한 농촌·농업실태와 인력지원개발 시스템을 통한 북한 농민의 구호방안
박성열 | 건국대 교육공학과

80 중소 소매점의 경쟁력과 소매성과
채명수 외 | 한국외대 무역학과

81 고령자를 위한 쾌적한 실내온도와 착의량의 설정
정운선 | 안동대 의류학과

82 지역문화 이벤트 PR
박종민 | 경희대 언론정보학부

83 인터넷 지역정보화의 실태와 전략
유평준 외 | 연세대 행정학과

84 여성 삶의 질 향상을 위한 사회교육 활성화 방안
김양희 | 중앙대 가족복지학과

85 벤처기업과 벤처금융
강대석 외 | 충남대 무역학과

86 구조조정기에 있어서 실업대책과 사회안전망 구축
박천익 | 대구대 경제학과

87 한국 유아의 조기교육
이명조 외 | 한국외대 교육대학원

88 남북한 경제공동체 형성전략
이상만 | 중앙대 경제학과

89 지방자치회계의 투명성과 주민의 알 권리
권찬태 외 | 경북대 경영학부

90 정치지도자의 정책리더십
이해영 | 경일대 행정학과

91 경제위기와 한국인의 복지의식
신광영 외 | 중앙대 사회학과

92 북한의 노동
김강식 | 한국항공대 경영학과

93 우리나라 중소기업의 정보기술 활용 현황과 경쟁력 강화를 위한 제안
정승호 | 부산외대 정보시스템학과

94 인간배아복제의 법적 · 윤리적 문제점과 그 해결방안
최병규 | 한경대 법학부

95 가치변화에 따른 투표행태
조찬래 외 | 충남대 정치외교학과

96 인터넷 경매에서의 계약체결과 소비자 보호
이기수 외 | 고려대 법과대학

97 세계화시대 남북한 통합의 방향과 과제
윤민재 | 서울대 사회발전연구소

98 글로벌 시대 지방정부의 문화마케팅 전략
박흥식 | 중앙대 행정학과

99 대졸여성실업의 실태분석 및 대학-노동 시장 간 효율적 연계방안
이은우 외 | 울산대 사회과학부

100 그린 투어리즘의 분석
이응진 | 대구대 관광학부

101 지방자치단체장의 부정부패
오일환 | 한양대 아태지역연구센터

102 산업화가 유교체제하 중국여성의 지위에 미친 영향
천성림 | 배재대 사회과학연구소

103 움직이는 말하기
유혜숙 외 | 나사렛대 교양학부

104 장애학생을 위한 특수교육공학의 활용
김용욱 | 대구대 중등특수교육과

105 지식기반사회의 평생교육 이해와 평생교육 프로그램 개발
박성열 | 건국대 교육공학과

106 N세대의 미술교육
김동철 | 대구교육대 미술교육학과

107 노후계획과 투자
권택호 | 여수대 국제통상학과

108 영화산업
양영철 | 경성대 연극영화학부

109 동유럽의 변혁과 언론의 역활
정대수 | 경남대 정치언론학부

110 환율, 임금, 물가가 국제경쟁력 및 수출입산업에 미치는 영향
하인봉 | 경북대 경제통상학부

111 일본기업의 기술혁신 전략
위정현 | 중앙대 상경학부

112 노후보장정책과 역저당연금제도
조덕호 외 | 대구대 행정학과

113 유비쿼터스 라이프와 미래 사회
김석수 | 한남대 멀티미디어공학과

114 죽음과 관련된 생명윤리적 문제들
구인회 | 가톨릭의과대 인문사회과학교실

115 경제적 세계화와 빈곤문제, 그리고 국가
김준현 | 한일장신대 인문사회과학부

116 한국의 세계불교유산
김종명 | 한국학중앙연구원 한국학대학원

117 복지레저서비스론
고태규 | 한림대 국제학부

118 자생적 철학체계로서 인간중심철학
선우현 | 청주교대 윤리교육과

119 전략적 통합과 한반도 평화체제
김승채 | 고려대 정책대학원

120 환경사법론
전경운 | 경희대 법학부

121 인터넷 자료를 통해 본 한국의 이혼 문화와 사회복지
성정현 외 | 협성대 사회복지학과

122 유럽연합의 사회정책에 관한 연구
문진영 | 서강대 신학대학원 사회복지학과

123 여성건강의 통합적 관점
김혜원 | 관동대 간호학과

124 복잡계 네트워크 과학
강병남 | 서울대 물리천문학부

125 경제적인 3세대 전원주택 개발
박근준 | 호서대 건축공학과

126 사회복지와 인적자원개발
이상일 | 인제대 국제경상학부